河口潮波动力学

蔡华阳　杨清书　著

科学出版社
北京

内 容 简 介

本书较为系统地介绍了作者近年来在河口潮波动力学,特别是河口径潮动力非线性相互作用及余水位方面的最新理论成果与实践应用。在内容编排上侧重阐述概化地形与简化动力条件下不同类型河口(潮优型或河优型)的解析理论模型及其应用,旨在揭示河口径潮动力特征值(特征参数)的时空演变及其对径潮动力和地形演变的响应机制。在简要介绍本书的特色(第1章)之后,全书基于不同类型河口潮波传播特征及机制的差异,主要分为两大部分:第一部分介绍潮优型河口潮波传播的动力学机制(第2～5章);第二部分介绍河优型河口径潮动力的非线性相互作用及余水位形成变化的动力学机制(第6～9章)。另外,附录中给出相应的潮波传播解析理论的部分推导。

本书理论结合实践,可作为河口海岸学、海洋科学、海洋工程与技术、水利工程、港口航道与海岸工程、水文与水资源工程等相关专业研究生培养的参考书,也可作为相关专业本科生科研培训与入门、高阶提升的参考教材。

图书在版编目(CIP)数据

河口潮波动力学/蔡华阳,杨清书著. —北京:科学出版社,2020.11
ISBN 978-7-03-066946-9

Ⅰ.①河… Ⅱ.①蔡… ②杨… Ⅲ.①河口–潮波–动力学–研究
Ⅳ.①P731.23

中国版本图书馆 CIP 数据核字(2020)第 226498 号

责任编辑:孟美岑 李 静／责任校对:张小霞
责任印制:吴兆东／封面设计:北京图阅盛世

科 学 出 版 社 出版
北京东黄城根北街 16 号
邮政编码:100717
http://www.sciencep.com

北京建宏印刷有限公司 印刷
科学出版社发行 各地新华书店经销

*
2020 年 11 月第 一 版　开本:720×1000　1/16
2021 年 1 月第二次印刷　印张:13 1/4
字数:267 000
定价:188.00 元
(如有印装质量问题,我社负责调换)

前　言

河口潮波动力学旨在揭示河口潮波传播过程、潮波变形和径潮非线性耦合机理,以及潮波对地形的响应机制,是河流动力学、河口动力学与潮汐学的交叉学科,是研究河口"动力-沉积-地貌"体系演变的有关动力过程的重要基础学科。强人类活动干预及自然环境的演变,造成河口地形发生剧烈变化,叠加全球海平面上升,直接影响主要潮波特征变量(如潮差、潮波传播速度等)的时空演变,迫切需要探讨全球气候变化和强人类活动累积影响下河口潮波动力的自适应调整机制,为河口水资源高效开发利用(如防洪御潮、取水供水)及河口治理调控(如水沙调控、风暴潮防护)等提供理论科学依据和技术支撑。本书基于一维线性化圣维南水动力方程组,针对不同类型河口的地貌特征、径潮动力特点及其非线性耦合作用、潮波传播过程的差异,据其特征进行适当概化,建立不同类型(如潮优型、河优型及中间过渡类型)河口潮波传播的解析模型,揭示河口潮波传播过程、潮波变形、径潮非线性耦合及其对地形变化的响应机制。

河口处陆海交汇之独特区域,径潮动力的非线性相互作用是河口潮波传播的典型特征,而余水位(即潮平均水位)是河口径潮非线性相互作用的典型结果。本书的特色之一是创新性构建基于余水位的潮波传播解析模型,揭示河口复杂径潮动力的非线性相互作用过程及机制,并辨识气候变化及强人类活动对河口系统的影响,为河口综合整治规划提供技术支撑。主要特色内容包括三个部分:①针对陆海径潮动力的非线性相互作用问题,基于拉格朗日体系,创新性采用包络线方法求得理论解,使模型能较高精度描述径流影响下潮波传播的主要过程,拓展解析模型的适应范围,在解析模型模拟潮波传播的方法上具有创新;②针对河口径潮动力非线性耦合的复杂性问题,以河口径潮动力非线性作用的典型特征"余水位"为切入点,创新性提出河口余水位解析动力理论,揭示复杂径潮动力的非线性作用机制及其关键影响因子;③针对全球气候变化背景下强人类活动的影响辨识问题,提出潮波解析模型对强人类活动进行定量辨识,模型简单实用且方便快捷,是研究气候变化和人类活动对河口径潮动力影响的一种实用而有效的方法,可用于河口区的流量和地形预测,以及快速探究人类活动(如航道疏浚、取水工程等)和气候变化(如海平面上升)对河口动力系统的影响,为河口演变趋势、河口治理及港航资源开发利用等提供技术支撑,具有重要社会经济效益。

本书共分为9章,第1章主要介绍本书提出的河口潮波动力学研究概况及其特色,阐明基于余水位的潮波传播动力学机制。不同类型河口,其潮波传播过程及机制不同,本书基于潮优型和河优型河口的潮波传播问题建立框架。第2~5章介绍潮优型河口的潮波传播过程及其影响机制,包括提出辐聚型河口的潮波传播机制(第2章),半封闭辐聚型河口潮波共振机制(第3章),主要天文分潮与次要分潮之间的非线性作用机制(第4章),以及基于线性潮波理论方法,通过水位观测反演河口地形演变的模型技术(第5章)。第6~9章介绍河优型河口的潮波传播过程及其影响机制,包括流量对河口潮波传播衰减的影响机制(第6章),河口水面线形成变化机制(第7章),潮波传播的季节性变化及阈值效应(第8章),以及河口径潮动力格局对上游大坝调蓄的响应机制(第9章)。附录为本书所用解析模型的部分详细推导过程。

本书出版得到国家重点研发计划"水资源高效开发利用"重点专项"珠江河口与河网演变机制及治理研究"(2016YFC0402600)和国家自然科学基金面上项目"珠江河网横向汊道动力功能的自适应调整及稳态机制研究"(51979296)的支持,同时得到中山大学河口海岸研究所团队的关心和支持,在此表示衷心的感谢。限于作者水平,书中难免有不妥之处,希望读者提出批评和指正,今后将不断完善。

本书涉及的符号及简写

本书所用的主要符号如下：

a 河口横截面积辐聚长度(m)

$\overline{A}$ 河口横截面积(m²)

$\overline{A}_0$ 口门处横截面积(m²)

$\overline{A}_r$ 河流上游端横截面积(m²)

b 河宽辐聚长度(m)

$\overline{B}$ 河宽(m)

$\overline{B}_0$ 口门处河宽(m)

$\overline{B}_r$ 河流上游端河宽(m)

c 潮波传播速度(m/s)

c_0 无摩擦棱柱形河口潮波传播速度(m/s)

C 谢才系数(m^{0.5}/s)

D 盐度扩散系数(m²/s)

D_0 口门处盐度扩散系数(m²/s)

E 潮程(m)

F 摩擦力(第10章)[kg/(s²·m²)]

F 盐度通量(第11和12章)(kg/s)

g 重力加速度(m/s)

h 水深(m)

$\overline{h}$ 潮平均水深(m)

$\overline{h}_0$ 口门处潮平均水深(m)

K 曼宁摩擦系数的倒数(m^{1/3}/s)

L 盐水入侵距离(m)

L_e 河口长度(m)

Nr　Estuarine Richardson 数(无量纲)

Q　流量(m^3/s)

r_S　边滩系数(无量纲)

s　盐度(kg/m^3)

S　余水位坡度(无量纲)

t　时间(s)

T　潮周期(s)

U　断面平均流速(m/s)

U_r　河流流速(m/s)

x　距口门处距离(m)

z　水位(m)

$\bar{z}$　余水位(m)

γ　河口形态参数(无量纲)

δ　潮波振幅梯度参数(无量纲)

ε　高潮位和高潮憩流或低潮位和低潮憩流之间的相位差(无量纲)

η　潮波振幅(m)

λ　波速参数(无量纲)

μ　流速振幅参数(无量纲)

ρ　水体密度(kg/m^3)

υ　流速振幅(m/s)

χ　摩擦参数(无量纲)

ω　潮波频率(s^{-1})

本书所用简写如下:

低潮憩流(low water slack,LWS)

高潮憩流(high water slack,HWS)

低潮(low water,LW)

高潮(high water,HW)

潮平均(tidal average,TA)

目　　录

第1章 绪 论

河口是海岸带陆海相互作用的典型区域,其陆海径潮动力耦合作用的过程和机制是全球变化研究的焦点,亦是人新世(Anthropocene)时代河口海岸地貌动力研究的热点。河口处于陆海交汇之独特区域,河口动力是陆海相互作用研究的重要内容,其中,径潮动力相互作用是河口动力结构的典型特征,其非线性耦合过程是揭示河口潮波传播机制的重要科学问题,而余水位(即潮平均水位)是河口径潮相互作用的直接结果,因此,河口余水位的变化及其过程是揭示河口潮波传播动力机制的有效切入点,是研究河口潮波传播的一种新途径。本书针对河口独特的地形和动力条件,构建基于余水位的潮波传播动力学解析模型,开展了较为系统而富有特色的研究,阐明河口复杂径潮动力的非线性相互作用过程及机制。研究成果可用于辨识全球气候变化背景下强人类活动对河口径潮动力格局的影响,揭示河口系统对强人类活动胁迫的自适应调整动力机制,为河口海岸研究的前沿问题,以及河口综合整治规划及水安全保障等提供技术支撑(相关科学问题如图1.1所示)。围绕河口径潮动力非线性耦合问题及其对强人类活动的响应,本书的主要特色总结如下。

(1)针对河口陆海径潮动力的非线性相互作用问题,基于拉格朗日体系,创新性地采用包络线方法求得潮波传播的一维水动力理论解,基于该理论解所构建的模型能有效模拟流量影响下潮波传播的主要过程,并分析河口径潮耦合动力机制,拓展解析模型的适应范围,采用构建的解析模型,模拟潮波传播的动力机制,在方法上具有创新性。

(2)针对河口陆海径潮动力非线性耦合的动力学问题,以河口径潮动力非线性作用的典型特征参数余水位为切入点[图1.1(a)],创新性地提出河口余水位动力学解析理论,基于解析模型,分析地形变化、径潮动力因子对河口潮波传播的影响,揭示河口复杂径潮动力的非线性作用机制及其关键影响因子。

(3)针对全球气候变化背景下强人类活动干预对河口径潮动力格局的影响辨识问题,采用潮波传播解析模型的有效辨识方法,通过解析分析法研究气候变化和人类活动对潮波传播的影响机制,并成功用于河口区的流量和地形预测,同时可用

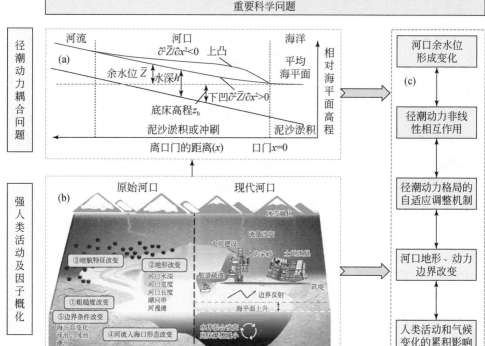

图 1.1 河口潮波动力学机制研究相关科学问题

(a)河口余水位$\overline{Z}$定义:$\overline{Z}=h+z_b$,式中,h为水深,z_b为底床高程(负值);(b)河口径潮动力格局影响因子概化图:①底床变化引起的粗糙度改变;②航道疏浚、土地围垦、人为采沙等引起的地形改变;③潮间带、河漫滩变化等引起的地貌特征改变;④筑堤等引起河流入海口形态改变;⑤海平面上升、冰雪融化、大坝建设等引起的径潮动力边界条件改变(改自 Talke and Jay,2020);(c)径潮动力格局的自适应调整机制及其相关科学问题

于快速评估强人类活动(如大坝建设、航道疏浚、土地围垦等)和气候变化(如海平面上升、冰雪融化等)对河口径潮动力格局的影响[图1.1(b)]。围绕强人类活动对河口动力格局的胁迫问题,采用潮波传播动力学解析模型方法,有效辨识人类活动的影响,揭示河口径潮动力格局对强人类胁迫的自适应调整动力机制,为河口治理和水资源高效开发利用等提供技术支撑,具有重要社会经济效益。

人类活动对河口系统的干预及其累积效应,在国内外的许多河口已远超其自然演变过程,这种由人类活动为主要驱动力,变化的过程、强度和频率是自然因子难于达到的变化,我们称之为异变;河口系统异变过程及自适应调整动力机制是河口海岸研究的前沿问题,是河口治理不可回避的重要科学问题,是河口水沙调控的关键问题。著名河口海岸学家、中国工程院院士陈吉余指出：人类活动已成为河口系统演变的第三驱动力，其影响范围、规模及强度很大，迫切需要深入研究河口系统的自然调节与人工控制的协调问题。日益加剧的人类活动干预，使世界多个重要河口发生泥沙源汇转换及径潮动力格局的异变，河口异变对河口水安全和生态环境造成极大威胁。探讨人类活动干预下的河口"动力–沉积–地貌"异变过程及自适应调整动力机制，以及其所引发的重大工程问题，不仅是国内外河口研究的焦点，而且是解决河口面临的治理问题及水安全保障等实际应用所必须解决的关键科学问题。

围绕上述科学问题，动力格局的异变是河口系统异变的焦点问题，本书聚焦径潮动力耦合下河口潮波动力时空演变及其对气候变化和人类活动的响应问题，采用河口潮波传播动力学理论解的方法，以"潮波传播基础理论(过程、机制的精准把控)—河口径潮动力非线性作用机制(余水位动力学解析理论)—河口动力格局演变(强人类活动的影响辨识)"为研究主线，开展了河口潮波传播机制、河口径潮相互作用机制、河口动力格局的自适应调整动力机制等关键问题研究，揭示河口径潮动力非线性相互作用的物理过程及机制，为全球气候变化背景下河口治理及水安全保障等提供技术支撑。

本书的主要研究目标是揭示河口潮波传播过程和机制，在此基础上，提出一套解析理论，用于描述河口的潮波传播过程及其对动力和地形边界变化的响应。该模型简单实用、方便快捷，能够用较少的数据定性和定量评价强人类活动干预对潮波传播的影响。本书提出的潮波传播解析理论特色总结如下。

(1) 河口径潮动力耦合及其时空演变直接影响泥沙、营养盐、污染物、盐度等要素的输运及扩散过程，潮波传播变化过程及机制是探讨河口物质输运及系统演变的重要动力基础和前沿科学问题。

围绕河口潮波传播动力机制问题，基于河口潮波传播一维水动力解析模型，揭示潮优型河口主要分潮(如 M_2 半日分潮)的传播机制。在此基础上，针对一维动量守恒方程中非线性摩擦项的线性化处理及其对潮波传播的影响机制问题，探讨非线性水深项、主要分潮与次要分潮(如 S_2 半日分潮、K_1 和 O_1 全日分潮)的非线性耦合、流量等高阶影响因子对潮波传播的影响，是对经典潮波传播动力学的重要拓展和延伸。

非线性摩擦项的线性化过程及其影响机制是揭示潮波传播变化规律的关键科学问题；提出动量守恒方程中的非线性摩擦项，不仅要考虑二次流速项的非线性作用，也要关注水深项的非线性影响，这两个非线性项的线性化过程是发展潮波传播解析理论和提高解析模型计算精度的关键。针对单一分潮的潮波传播机制问题，采用经典的洛仑兹线性化公式近似二次流速项，在此基础上，进一步考虑水深项的非线性作用及其形成的余水位梯度：

$$\frac{\partial \bar{Z}}{\partial x} = \frac{16}{9\pi} \frac{v^2 \zeta}{K^2 \bar{h}^{4/3}} \cos(\phi) \tag{1.1}$$

式中，$\bar{Z}$ 为余水位；x 为沿河流方向的距离；v 为断面平均流速振幅；ζ 为潮波振幅与水深的比值；K 为曼宁摩擦系数的倒数；$\bar{h}$ 为潮平均水深；ϕ 为流速与水位之间的相位差。上述公式表明，即使仅考虑单一分潮的传播过程，潮优型河口中依然存在余水位的大小潮变化，且余水位梯度与流速振幅的二次方成正比。基于拉格朗日体系，通过对非线性摩擦项的线性化近似，提出研究单一分潮传播过程的统一理论框架，揭示潮波传播动力机制及其关键影响因子。

　　主要分潮与次要分潮之间的非线性相互影响及其产生的潮汐不对称作用是河口潮波传播研究的基础前沿问题：多分潮同时驱动条件下，通过动量守恒方程中非线性摩擦项的切比雪夫（Chebyshev）多项式分解方法，构建潮波传播解析模型，引入潮波传播计算的迭代算法，反演不同分潮的潮波传播过程，揭示主要分潮与次要分潮的非线性作用机制，丰富了经典潮波动力学的理论内涵。研究表明，不同分潮之间的非线性相互作用可通过引入一个有效摩擦校正因子进行定量分析。推导得出该因子的解析表达式，使原本仅适用于单一分潮潮波传播的解析模型能用于探究不同分潮之间的非线性相互作用过程和动力机制。

　　流量对河口潮波传播过程的影响是河口动力学的重要科学问题：针对河口独特的动力和地形条件，基于一维圣维南方程组，提出综合考虑河宽辐聚、水深变化、流量和底床摩擦对潮波传播影响的一种新型潮波解析模型，该模型通过解一个包含 4 个方程的非线性方程组得到径潮动力特征值（包括流速振幅参数、潮波振幅梯度参数、传播速度参数、高潮位和高潮憩流之间的相位差）的理论解。基于一维动量守恒方程余水位梯度主要与潮波传播的有效摩擦相平衡的假设，引入迭代算法，考虑余水位的非线性动力影响。研究表明，径潮耦合作用下非线性摩擦产生的余水位对潮波传播有重要影响，一方面余水位改变河口沿程的实际水深分布及其地形辐聚效应，另一方面余水位的形成增大河口沿程水深而减弱非线性摩擦效应。

　　（2）余水位是河口径潮相互作用的直接结果，余水位的形成和变化是研究河口径潮非线性相互作用的重要科学问题。

　　围绕河口径潮相互作用问题，以河口径潮动力非线性作用的典型特征参数余水位为切入点,探讨河口径潮动力相互作用,系统研究了基于概化地形和简化动力条件的径潮动力非线性耦合过程及余水位形成变化机制。

感潮河段是径潮动力耦合区,径潮动力耦合使其与非感潮河段存在显著差异,如何构建感潮河段的"水位-流量"关系是河口动力学研究的难点之一:针对感潮河段"水位-流量"关系的非线性耦合问题,基于径潮耦合的潮波传播解析模型,理论推导水位与流量之间的定量关系,指出流量是水位和潮波传播特征参数(包括潮波衰减率和传播速度)的函数。揭示感潮河段水位与流量之间的非线性耦合关系,进而建立流量预测解析模型,是对传统河流动力学"水位-流量"关系曲线的一种延伸和拓展,丰富和完善了河流动力学的研究内容。

河口径潮动力非线性作用及地形变化等因子直接对余水位产生影响,基于解析解的余水位分解是探讨其形成变化的重要科学问题:针对余水位形成过程的复杂性问题,探讨余水位在不同径潮组合条件下(洪枯季及大小潮)的时空变化特征。基于非线性摩擦项的切比雪夫多项式分解,定量分析径流、径潮动力相互作用及潮流因子对余水位的贡献率,拓展了传统河流动力学关于"回水效应"理论(仅考虑径流影响)的适用范围。研究表明,在潮流优势段余水位主要受控于径潮动力相互作用,在河流优势段径流因子起主导作用,而潮流因子仅在径潮动力过渡区对余水位的形成变化有显著影响。

在流量与地形的共同驱动下,河口区潮波衰减存在阈值效应,该效应及其形成机制是揭示河口径潮动力相互作用的重要科学问题:针对流量对潮波衰减的复杂性问题,揭示流量对河口潮波衰减的双重作用,即流量一方面通过底床摩擦消耗潮波能量,另一方面通过增大余水位减小潮波传播的有效摩擦,因此,在河口上游区域存在位置和流量阈值,对应潮波衰减率绝对值的最大值。基于解析模型对该现象的形成机制进行水动力学解释,揭示底床摩擦与河道辐聚共同驱动下的潮波传播过程及机制。研究表明,潮波衰减的阈值现象主要是由于洪季上游回水效应随流量加强,余水位及水深增大,导致河口辐聚程度减小,而余水位坡度为适应河口形状变化亦有所减小,从而形成相对应的阈值流量和区域。该研究成果对阐明径潮动力的非线性耦合过程、理解潮汐不对称输沙机制及其对河口三角洲形成演变的影响机制等具有重要理论意义。

第2章 辐聚型河口的潮波传播机制

2.1 引 言

潮优型河口动力过程主要由外海进入的潮动力控制,外形一般呈喇叭状,河口横截面积自口门向里辐聚收缩(简称辐聚型河口),其潮波传播过程及机制是河口海岸学研究的重要内容。随着强人类活动(如上游水库建设、航道疏浚、河道采砂、滩涂围垦等)对河口三角洲"动力-沉积-地貌"过程的干预影响加剧,河口潮汐动力的演变过程及机制等问题备受关注(Chant et al.,2018;Ralston et al.,2019;李薇等,2018;张萍等,2020)。特别是在全球海平面上升背景下,探究人类活动干预的河口动力演变过程及趋势,对河口治理及水资源高效开发利用等具有重要科学意义(Talke and Jay,2020)。

随着计算机模拟技术的飞速发展,河口潮波传播过程可通过数值模型进行模拟。然而,与解析模型相比,数值模型虽然计算精度高,但并不能直观显示主要控制变量(如河口地形和径流动力)对潮汐动力(如流速振幅、水位振幅、传播速度、流速和水位之间的相位差和潮波衰减率等)的影响机制。自从 Lorentz(1926)首次提出一维动量守恒方程中非线性摩擦项的线性化公式后,通过解一维圣维南方程组,推导出描述潮汐动力变化过程的解析表达式。此后,不同学者通过各种线性化摩擦项公式和推导过程得到各自描述辐聚型(即河口横截面积沿河流方向辐聚收缩)河口潮波传播过程的表达式,包括无限长河口(如 Jay,1991;Friedrichs and Aubrey,1994;Lanzoni and Seminara,1998;Savenije,1998;Prandle,2003,2009;Savenije et al.,2008;Friedrichs,2010)和有限长河口(如 Toffolon and Savenije,2011;Van Rijn,2011;Winterwerp and Wang,2013)两种情况。其中,绝大部分学者采用摄动法和线性化摩擦项得到潮波传播的解析解。国内学者在 20 世纪 80 ~ 90 年代对河口的潮波传播过程及机制也进行了较深入的研究,主要分成单一分潮的解析解(如修日晨,1983;陈宗镛和路季平,1988;叶安乐,1983,1984,1989;钱力强等,1995)和考虑不同天文分潮甚至浅水分潮的解析解(如方国洪,1980,1981;陈宗镛和路季平,1988;杜勇等,1989a,1989b,1989),但大多数学者均未对控制方程进行无量纲化处理,因此解析解的形式大多较为复杂。其中,较为突出的是杜勇等(1989a,1989b,1989)提出的采用摄动法求解变截面河口考虑摩擦的一维水动力解析解,对浅水非线性效应、潮余流和余水位的形成机制进行了深入探讨。Savenije(1998)基于拉格朗日坐标体系,分别推导得出高潮位(high water,HW)和低潮位(low water,LW)包络线的解析表达式,两者相减得到一个描述潮波振幅梯度变化的解析方程,该方程同时保留非线性摩擦项中二次流速项及水力半径周期性变化的影响。在此基础上,Savenije 等(2008)提出描述潮汐动力随河道辐聚效应和底床摩擦效应演变的显式解析解。但该方法依然假设潮波振幅与水深之比较小,且水质点的运动流速可用简谐波来描述,因此该方法称为准非线性方法。

将 Savenije 等(2008)的准非线性模型与传统的线性模型(如 Toffolon and Savenije,2011)相比,可知准非线性模型需采用两组解描述潮汐动力变化过程,且在由第一组解(流速和水位相位差为0°~90°)向第二组解(类驻波解,即流速和水位相位差为90°)变化的过程中出现不连续现象,这与实际河口动力过程并不相符。此外,数值计算结果(见 2.2 节)表明两种解析模型分别从不同方向与数值结果逼近,即线性模型高估潮波衰减而准非线性模型则低估潮波衰减,因此,两者的平均值与数值模型更为接近。本章建立一套潮波传播的解析理论框架,该框架可用于对比不同线性和准非线性模型之间的差异。通过该框架可探究各种摩擦项线性化公式对潮波传播的影响,进而得到相应的潮波振幅梯度解析方程。

本章的研究目的在于揭示辐聚型河口潮波传播的机制及主控影响因子。在给定河口概化地形、底床摩擦和口门振幅的条件下,对线性和准非线性模型进行对比,提出一个通用的解析理论框架,阐明不同模型之间对于非线性摩擦项处理方法上的差异。在此基础上,提出新的潮波振幅梯度解析表达式为线性解和准非线性解的加权平均。将不同的解析解与非线性数值结果进行对比,并与荷兰和比利时交界的 Scheldt 河口的实测值进行比较,用于验证不同解析解的模型效果。同时,采用新提出的解析解对河口进行分类,用于探究 23 个真实河口的潮汐动力对水深变化的响应机制,为合理评价人类活动(如航道疏浚)和海平面上升对河口动力的影响提供新的解析方法。

2.2　潮波动力学基本方程

假定潮波在一个河宽和水深均缓慢变化的潮汐通道中传播。理想河口的地形概化如图 2.1 所示,其中流速和水位过程线用于定义相位差。模型假设断面横截面为矩形,河口边滩或潮滩的影响用边滩系数衡量,即 $r_S = B_S / \bar{B}$(即满槽河宽 B_S 和平均河宽 $\bar{B}$ 的比值,见图 2.1)。

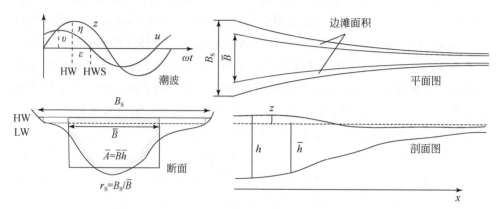

图 2.1　潮汐通道概化示意图及相关基本参数(改自 Savenije et al.,2008)

采用指数函数来描述河口沿程变化的潮平均断面横截面积 $\bar{A}$,其表达式为

$$\bar{A} = \bar{A}_0 \exp\left(-\frac{x}{a}\right) \tag{2.1}$$

式中,a 为河口断面横截面积的辐聚长度;$\bar{A}_0$ 为河口口门处潮平均断面横截面积;x 为以口门为坐标原点沿河流方向的距离。假设水深辐聚长度远小于河宽辐聚长度,则横截面积辐聚长度 a 与河宽辐聚长度相等。

河口水动力一维圣维南方程组如下:

$$\frac{\partial U}{\partial t} + U\frac{\partial u}{\partial x} + g\frac{\partial h}{\partial x} + gI_b + gF + \frac{gh}{2\rho}\frac{\partial \rho}{\partial x} = 0 \tag{2.2}$$

$$r_S\frac{\partial z}{\partial t} + U\frac{\partial z}{\partial x} + h\frac{\partial U}{\partial x} - \frac{hU}{a} = 0 \tag{2.3}$$

式中,t 为时间;U 为断面平均流速;h 为河口水深;g 为重力加速度;I_b 为底床坡度;ρ 为水的密度;z 为自由水面高程;F 为摩擦项,其表达式为

$$F = \frac{U|U|}{K^2 h^{4/3}} \tag{2.4}$$

式中,K 为曼宁摩擦系数的倒数。式(2.2)中左侧最后一项为密度梯度项,一般可忽略不计,但在 Savenije 等(2008)方法中则保留(见附录 A)。假设潮波可用周期为 T,频率为 $\omega = 2\pi/T$ 的正弦波描述,则潮波传播特征值包括:潮波传播速度 c、潮

波振幅 η、流速振幅 v、高潮位与高潮憩流或低潮位与低潮憩流之间的相位差 ε（图 2.1）。适当无量纲化后，可得 5 个无量纲参数：河口形状参数 γ（表示横截面积的辐聚影响），摩擦参数 χ（描述底床摩擦耗散作用），流速振幅参数 μ（流速振幅与无摩擦棱柱形河口流速振幅之比），波速参数 λ（无摩擦棱柱形河口传播速度与实际传播速度之比），以及潮波振幅梯度参数 δ（潮波振幅沿程增大时，$\delta>0$；减少时，$\delta<0$），其中 γ 和 χ 为模型自变量，其他参数为模型的因变量。这些无量纲参数的定义分别为

$$\gamma = \frac{c_0}{\omega a} \tag{2.5}$$

$$\chi = r_s \zeta \frac{c_0}{\omega} \frac{\zeta}{\bar{h}} \tag{2.6}$$

$$\mu = \frac{1}{r_s} \frac{v}{\eta} \frac{\bar{h}}{c_0} \tag{2.7}$$

$$\lambda = \frac{c_0}{c} \tag{2.8}$$

$$\delta = \frac{1}{\eta} \frac{\mathrm{d}\eta}{\mathrm{d}x} \frac{c_0}{\omega} \tag{2.9}$$

式中，c_0 为无摩擦棱柱形河口的潮波传播速度；$\bar{h}$ 为河口断面平均水深；f 为无量纲摩擦系数；ζ 为无量纲潮波振幅，分别定义为

$$c_0 = \sqrt{g \bar{h}/r_s} \tag{2.10}$$

$$f = \frac{g}{K^2 \bar{h}^{1/3}} \left[1 - \left(\frac{4}{3}\zeta \right)^2 \right]^{-1} \tag{2.11}$$

$$\zeta = \frac{\eta}{h} \tag{2.12}$$

式（2.11）考虑了潮周期内非线性摩擦项中水深周期性变化的影响，由高潮位和低潮位的包络线相减得到。采用上述无量纲参数，基于前期推导的相位差方程（Savenije，1992a，1993）、潮波振幅梯度方程（Savenije，1998，2001）和波速方程（Savenije and Veling，2005），Savenije 等（2008）得到以下 4 个隐式方程：

$$\delta = \frac{\gamma}{2} - \frac{1}{2}\chi\mu^2 \tag{2.13}$$

$$\mu = \frac{\sin(\varepsilon)}{\lambda} = \frac{\cos(\varepsilon)}{\gamma - \delta} \tag{2.14}$$

$$\tan\varepsilon = \frac{\lambda}{\gamma-\delta} \tag{2.15}$$

$$\lambda^2 = 1-\delta(\gamma-\delta) \tag{2.16}$$

潮波振幅梯度式(2.13)反映河口河道辐聚效应和底床摩擦效应的相对平衡关系,可改写成:

$$\gamma-\delta = \frac{\gamma+\chi\mu^2}{2} \tag{2.17}$$

对于辐聚型河口($\gamma>0$),该值大于0,表明潮波振幅梯度参数 δ 小于河口形状参数 γ。由式(2.14)可知,流速振幅参数取决于相位差和 $\gamma-\delta$ 的比值,后者综合反映了河道辐聚与底床摩擦的综合效应,如式(2.17)所示。由相位差方程[式(2.15)]可知,当潮波为完全驻波时($\varepsilon=0$),波速参数趋于无穷大(即 λ 趋于0),而当 γ 和 δ 的差值无穷小时,潮波为前进波($\varepsilon=\pi/2$),此时底床摩擦和河道辐聚效应刚好相互抵消。波速方程[式(2.16)]表明潮波传播速度与潮波振幅沿程变化(增大或衰减)紧密相关。当式(2.17)为正值时,实际传播速度 c 大于无摩擦棱柱形河口浅水波速 c_0,则潮波振幅沿程增大,反之则减小。上述4个方程仅适用于无限长的河口情况,即不考虑上游封闭端反射波的影响(Toffolon and Savenije,2011)。在潮波振幅梯度方程和波速方程的推导过程中,均考虑了动量守恒方程中密度梯度项的影响,但该项在包络线法(Savenije,1998,2001)和特征线法(Savenije and Veling,2005)中均被化简消掉。因此,可认为密度梯度项对潮汐衰减/增大和传播速度没有影响,而尺度方程和相位差方程均由质量守恒方程得到,不受密度梯度项的影响。

2.3 线性解与准非线性解的对比

2.3.1 潮波振幅梯度方程的差异

Toffolon 和 Savenije (2011) 以及 Van Rijn(2011)重新探讨了同时考虑河宽和水深辐聚条件下河口一维水动力方程的线性解。在本节,将这些线性解与 Savenije 等(2008)提出的准非线性解进行比较,重点在于探讨潮波振幅梯度方程的差异,如表2.1所示。基本上 Toffolon 和 Savenije (2011) 以及 Van Rijn(2011)采用相同的方法推导得到线性解,即线性化摩擦项(包括二次流速项 $U|U|$ 和水深项 h),忽略

惯性项 $U\partial U/\partial x$ 和密度梯度项 $gh/(2\rho)\,\partial p/\partial x$,同时利用复变函数方法得到解析解。这些解理论上仅适用于局部河段,因此,Toffolon 和 Savenije(2011)采用分段法得到河口沿程变化的潮波特征量,同时提出可通过迭代算法不断更新摩擦项中的洛伦兹常数提高模型的计算精度。此外,Van Rijn(2011)基于能量守恒方程得到河口作为一个整体的解析解。另一个显著差异在于,Savenije 等(2008)提出的解析解本质上是局部解,需要通过潮波振幅梯度参数沿河口线性积分从而得到整个河口沿程变化的解,而其他两个线性解在忽略上游反射波影响条件亦可通过线性积分得到沿程变化的解。

表 2.1　不同解析模型所用潮波振幅梯度方程的对比

模型	方法	上游边界	$U\partial U/\partial x$ 和 $gh/(2\rho)\,\partial p/\partial x$	摩擦项	潮波振幅梯度方程
Savenije 等(2008)	高潮位和低潮位包络线	忽略	考虑	二次流速项,水深随时间变化	$\delta = \dfrac{\gamma}{2} - \dfrac{1}{2}\chi\mu^2$
Toffolon 和 Savenije(2011);Van Rijn(2011)	考虑复数函数的振幅	忽略	忽略	线性化摩擦项,恒定水深	$\delta = \dfrac{\gamma}{2} - \dfrac{1}{\sqrt{2}}\sqrt{\Gamma + \sqrt{\Gamma^2 + \left(\dfrac{8}{3\pi}\chi\mu\right)^2}}\ T_1$
Van Rijn(2011)	能量守恒方法	忽略	忽略	线性化摩擦项,恒定水深	$\delta = \dfrac{\gamma}{2} - \dfrac{4}{3\pi}\dfrac{\chi\mu}{\lambda}T_2$

经过适当变换可知表 2.1 中 T_1 和 T_2 的潮波振幅梯度方程是相等的,表明 Van Rijn(2011)通过两种推导方法得出的解析解是一样的。事实上,Van Rijn(2011)的线性解析解也可通过解式(2.13)~式(2.16)得到,但采用的潮波振幅梯度方程为

$$\delta = \frac{\gamma}{2} - \frac{4}{3\pi}\frac{\chi\mu}{\lambda} \qquad (2.18)$$

Van Rijn(2011)解析解是基于洛伦兹(Lorentz,1926)的线性化摩擦项 F:

$$F_{\rm L} = \frac{8}{3\pi}\frac{v}{K^2}\frac{1}{\overline{h}^{4/3}}U \qquad (2.19)$$

将式(2.19)代入包络线方法中,用于推导新的潮波振幅梯度方程(见附录 A),所得方程为式(2.18),表明 Van Rijn(2011)的线性解析模型本质上是 Savenije 等(2008)采用线性化摩擦项的结果。

将式(2.18)代替准非线性潮波振幅梯度方程[式(2.13)]可组成一个新的包含 4 个隐式方程的方程组,即式(2.18)、式(2.14)~式(2.16)。与准非线性解不

同,该方程组没有显示解,需要通过数值迭代算法进行求解(如简单的牛顿-拉普森迭代法)。图2.2为4个无量纲潮波特征参数随形状参数 γ 和摩擦参数 χ 的变化。由图2.2可知,采用式(2.18)所得结果与Toffolon和Savenije(2011)以及Van Rijn(2011)的经性解完全重合。由此可得,准非线性解与修正后线性化解的差别仅在于潮波振幅梯度方程中所使用的摩擦项。

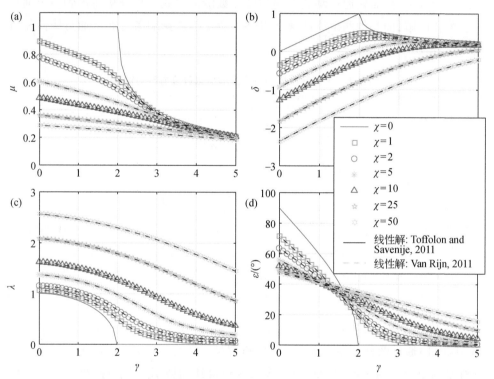

图2.2　不同的摩擦参数 χ 条件下主要无量纲参数随河口形状参数 γ 的变化

模型通过求解包含式(2.18)、式(2.14)～式(2.16)的方程组得到,黑色实线和绿色虚线分别表示Toffolon 和 Savenije (2011)和 Van Rijn(2011)提供的解析解

准确来讲,Savenije等(2008)的准非线性解所用的潮波振幅梯度方程和线性解的差别仅在于一个包含相位差的校正因子,将式(2.14)代入式(2.13)可得

$$\delta = \frac{\gamma}{2} - \frac{1}{2}\frac{\chi\mu}{\lambda}\sin(\varepsilon) \qquad (2.20)$$

假如 $\sin(\varepsilon) = 8/(3\pi) \approx 0.85$,则式(2.18)和式(2.20)完全一致,此时相位差 ε 的值接近58°(对于 M_2 分潮约为2h)。

Dronkers(1964)提出采用切比雪夫多项式来近似非线性摩擦项(Cartwright,

1968 也有类似公式),该公式包含一个一阶项和一个三阶项,但依然假设断面平均
流速 U 为均值为 0 的简谐函数:

$$F_D = \frac{16}{15\pi} \frac{v^2}{K^2 \bar{h}^{4/3}} \left[\frac{U}{v} + 2 \left(\frac{U}{v} \right)^3 \right] \tag{2.21}$$

式(2.21)并没有考虑非线性摩擦项中水深周期性变化。采用 Dronkers 的高阶线性
化摩擦项并代入包络线法中(见附录 B),可得

$$\delta = \frac{\gamma}{2} - \frac{8}{15\pi} \frac{\chi\mu}{\lambda} - \frac{16}{15\pi} \chi\mu^3 \lambda \tag{2.22}$$

式(2.22)结合式(2.14)~式(2.16)可得一组新的非线性方程组,通过迭代计
算可得相应的解析解。洛伦兹线性化摩擦项和 Dronkers 的高阶摩擦项均不考虑摩
擦项中的水深变化项,对应式(2.11)中的 $\zeta = 0$,即 $f = g/(K^2 \bar{h}^{1/3})$。

2.3.2　不同解析解与数值解的对比

本节将采用不同线性化摩擦项公式所得的解析解和完全非线性的一维水动力
数值解进行对比。该数值解基于控制方程式(2.2)和式(2.3),采用显示
MacCormack 数值模式,具有时间和空间二阶精确的特点,模型还采用全变差递减
(TVD)滤波器避免数值振荡,尤其是当潮波因摩擦或地形剧变导致其波形变陡。

本节重点探讨采用解析解得到的无量纲衰减/增大参数 δ 与数值解的差异。
模型参数的变化范围基本覆盖大部分现实河口,其中 $1 \leq \gamma \leq 3, 0.1 \leq \zeta \leq 0.3$
$10 \ \text{m}^{1/3}/\text{s} \leq K \leq 50 \ \text{m}^{1/3}/\text{s}$ 以及 $\bar{h} = 10 \ \text{m}$。河口距离 x 也采用无摩擦棱柱形河口的波
长进行无量纲化处理:

$$x^* = \frac{\omega}{c_0} x \tag{2.23}$$

图 2.3 为不同解析解在某一点($x^* = 0.426$,当水深为 10 m 时对应 $x = 30$ km)
与数值解的对比。由图 2.3 可知,线性解、准非线性解与数值解基本吻合,但仍存
在一定误差。Dronkers 的高阶解与数值结果最为接近,而 Savenije 等(2008)、
Toffolon 和 Savenije(2011)与数值解存在一定误差,前者计算的振幅梯度偏低,而后
者偏高。

上述偏差产生的原因在于采用不同方法线性化摩擦项 F。Toffolon 和 Savenije
(2011)采用洛伦兹线性化摩擦项,针对简谐波情况,使得二次流速项的摩擦耗散与
线性化公式在一个潮周期内相等,而 Savenije 等(2008)采用拉格朗日体系,将高潮

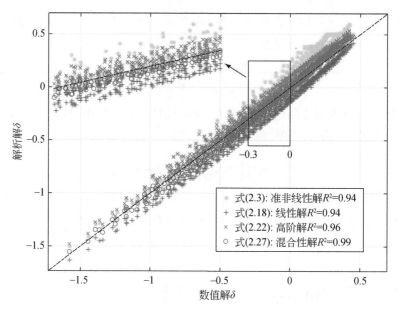

图 2.3　四种解析模型计算得到的潮波振幅梯度参数 $\delta(x^* = 0.426)$ 与数值解的对比

R^2 为线性相关系数,其值越大表明模型效果越好

位和低潮位的包络线表达式相减得到有效摩擦 $\hat{F}_{\mathrm{S}}$,其表达式为

$$\hat{F}_{\mathrm{S}} = \frac{1}{2}\left[\frac{U_{\mathrm{HW}}^2}{K^2\ (\bar{h}+\eta_{\mathrm{HW}})^{4/3}} + \frac{U_{\mathrm{LW}}^2}{K^2\ (\bar{h}-\eta_{\mathrm{HW}})^{4/3}}\right] \qquad (2.24)$$

式中,高潮位和低潮位的传播速度表达式为

$$U_{\mathrm{HW}} \approx \upsilon\sin(\varepsilon)\ , \quad U_{\mathrm{LW}} \approx -\upsilon\sin(\varepsilon) \qquad (2.25)$$

假设潮波为简谐波时,这两种方法(即线性和准非线性)在有限振幅波的衰减/增大方程中将产生刚好相反的偏差。

图 2.4 为不同解析解计算得到的潮平均有效摩擦的沿程变化。潮平均摩擦项的计算公式为 $\langle|F|\rangle = T^{-1}\int_T^1 |F|\mathrm{d}t$,式中 F 变量的定义如下:数值解为式(2.4)(蓝色实线),线性解为 F_{L}[式(2.19)](红色虚线),Dronkers 的高阶解为 F_{D}[式(2.21)](黑色点虚线),而 Savenije 的准非线性解采用式(2.24)估算有效摩擦 $\hat{F}_{\mathrm{S}}$(绿色虚线)。图 2.4 中变量均由数值模型得到,唯一的差别在于所用的摩擦项近似公式不同。对比结果表明,基于洛伦兹线性化方法计算的潮平均摩擦项偏高,而 Savenije 的准非线性模型偏低,而 Dronkers(1964)的高阶解与完全非线性化的摩擦项最为相近。

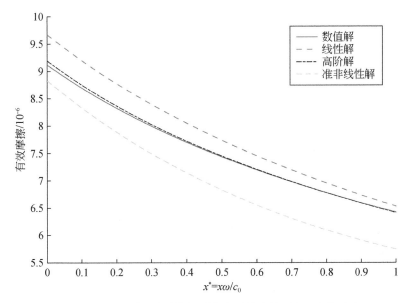

图 2.4 采用不同公式计算得到的潮平均摩擦项〈|F|〉的对比

数值解[式(2.4)](蓝色实线)、线性解[式(2.19)](红色虚线)、Dronkers 高阶解[式(2.21)](黑色点虚线)和 Saenije 的准非线性解 $\hat{F}_{\mathrm{S}}$[式(2.24)](绿色虚线),数值模型中 $\gamma = 1$, $\zeta = 0.1$, $K = 30 \ \mathrm{m^{1/3}\ s}$, $\overline{h} = 10 \ \mathrm{m}$

由图 2.4 可知,线性解和准非线性解计算得到的潮平均摩擦项存在相反的偏差,因此采用式(2.18)和式(2.20)的加权平均来重构一个新的潮波振幅梯度方程,其表达式为

$$\delta = \frac{\gamma}{2} - \alpha \frac{4}{3\pi} \frac{\chi\mu}{\lambda} - (1-\alpha)\frac{1}{2}\chi\mu^2 \qquad (2.26)$$

采用不同的线性化摩擦项权重 $\alpha(0 \sim 1)$,可将通过式(2.26)计算得到的 δ 值与数值解进行对比(采用与图 2.3 相同范围内的计算参数)。图 2.5 为拟合得到的最优权重 α 和标准误差,以及相对应的线性相关系数 R^2 的沿程变化,由图 2.5 可知,最优权重 α 从 $x^* \approx 0.35$ 开始趋于稳定,α 的渐近值约为 1/3。在口门处权重 α 接近 1(与线性解相对应),这与数值模型在口门处驱动简谐波是一致的。

采用权重 $\alpha = 1/3$,则潮波振幅梯度方程为

$$\delta = \frac{\gamma}{2} - \frac{4}{9\pi}\frac{\chi\mu}{\lambda} - \frac{1}{3}\chi\mu^2 \qquad (2.27)$$

式(2.27)与 Dronkers 的高阶方程[式(2.22)]形式类似,因此,可将式(2.14)代入式(2.27),得到:

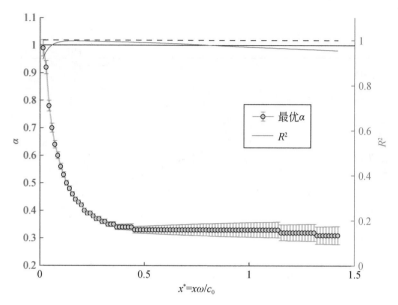

图 2.5　线性化摩擦项的最优权重 α 和标准差以及相对应的线性相关系数 R^2

$$\delta=\frac{\gamma}{2}-\frac{2}{5}\frac{4}{3\pi}\frac{\chi\mu}{\lambda}-\frac{32}{15\pi}\sin(\varepsilon)\frac{1}{2}\chi\mu^2 \tag{2.28}$$

与式（2.26）类似，式（2.28）的最后两项可看作式（2.18）和式（2.20）的组合，且对应的权重分别为 $\alpha=0.4$ 和 $1-\alpha=0.68\sin(\varepsilon)$，此时，$\sin(\varepsilon)=0.88$，该值与式（2.20）所得的值相似。

　　通过解包含 4 个式（2.14）~式（2.16）和式（2.27）的非线性方程组可得 4 个无量纲参数 μ,δ,λ 和 ε 的解析解。由图 2.3 可知，通过式（2.22）和式（2.27）计算得到的潮波振幅梯度参数和数值解结果吻合较好，但后者为最优结果，其相关系数 R^2 高达 0.99。图 2.6 为不同解析解与数值解对比所得的线性相关系数 R^2 的沿程变化。由图 2.6 可知，新模型的计算结果和数值解具有较好的一致性，虽然线性解（Toffolon and Savenije,2011）在口门处吻合最好，但这主要是因为口门处受驱动的简谐波影响。因此，通过将 Toffolon 和 Savenije（2011）与 Savenije 等（2008）的方法相结合可得到更为精确的解析模型，该模型与完全非线性的数值解更为接近。

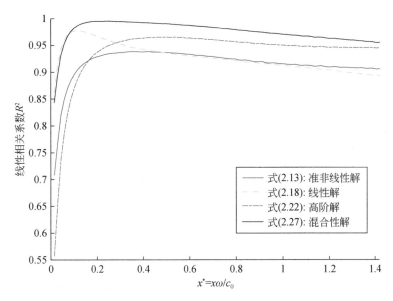

图 2.6　数值解和不同解析解对比所得线性相关系数 R^2 的沿程变化
数值模型参数设置为:$1 \leqslant \gamma \leqslant 3$,$0.1 \leqslant \zeta \leqslant 0.3$,$10\ \mathrm{m}^{1/3}/\mathrm{s} \leqslant K \leqslant 50\ \mathrm{m}^{1/3}/\mathrm{s}$ 和 $\overline{h} = 10\ \mathrm{m}$

2.4　解析模型及其应用

2.4.1　潮波传播的解析解

图 2.7～图 2.10 为不同解析模型计算得到的流速振幅参数 μ、衰减/增大参数 δ、波速参数 λ 和相位差 ε 随河口形状参数 γ 和摩擦参数 χ 的变化。图中符号代表采用新的潮波振幅梯度方程[式(2.27)]所得的解析解(混合型解析解),红色虚线代表 Savenije 等(2008)的准非线性解,粗黑线代表 Toffolon 和 Savenije 等(2011)的线性解,绿色虚线代表 Dronkers 的高阶解。Savenije 等(2008)的准非线性解需采用两组解用于描述混合波和驻波,存在不连续现象,而混合型解析解和 Toffolon 和 Savenije(2011)的线性解以及 Dronkers 的高阶解均提供了连续解,特别是在临界收敛过渡区域(γ 接近 2)。混合型解析解仅在无摩擦条件下($\chi = 0$)存在亚临界和超临界的明显区别。

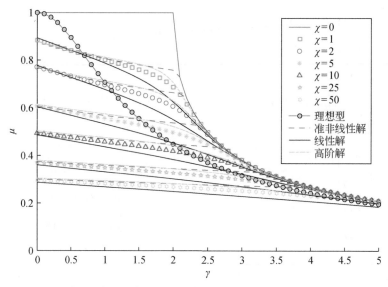

图 2.7　不同摩擦参数 χ 条件下流速参数 μ 随河口形状参数 γ 的变化情况

符号代表采用式(2.27)的混合型解析解,红色实线代表无摩擦情况($\chi=0$),红色虚线、褐色实线和绿色点

虚线分别代表准非线性解、线性解和高阶解,绿色圆圈符号代表理想型河口情况$\left(\mu=\sqrt{\dfrac{1}{1+\gamma^2}}\right)$

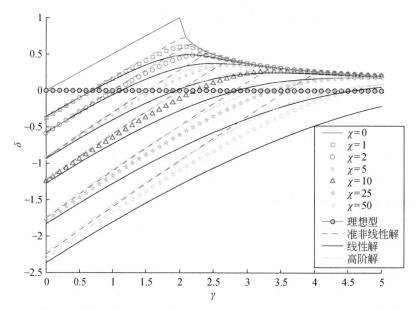

图 2.8　不同摩擦参数 χ 条件下潮波衰减/增大参数 δ 随河口形状参数 $\gamma(5)$ 的变化情况

符号代表采用式(2.27)的混合型解析解,红色实线代表无摩擦情况($\chi=0$),红色虚线、褐色实线和绿色点

虚线分别代表准非线性解、线性解和高阶解,绿色圆圈符号代表理想型河口情况($\delta=0$)

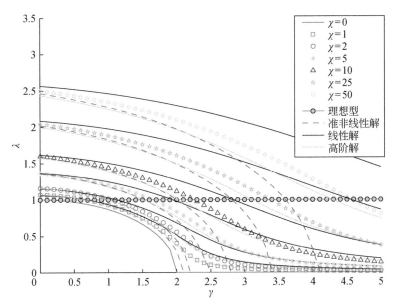

图 2.9　不同摩擦参数 χ 条件下波速参数 λ 随河口形状参数 γ 的变化情况

符号代表采用式(2.27)的混合型解析解,红色实线代表无摩擦情况($\chi=0$),红色虚线、褐色实线和绿色点
虚线分别代表准非线性解、线性解和高阶解,绿色圆圈符号代表理想型河口情况($\lambda=1$)

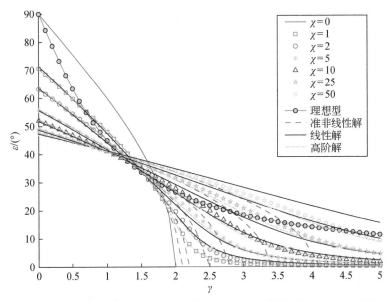

图 2.10　不同摩擦参数 χ 条件下相位差 ε 随河口形状参数 γ 的变化情况

符号代表采用式(2.27)的混合型解析解,红色实线代表无摩擦情况($\chi=0$),红色虚线、褐色实线和绿色点
虚线分别代表准非线性解、线性解和高阶解,绿色圆圈符号代表理想型河口情况$[\varepsilon=\arctan(1/\gamma)]$

如图 2.7 ~ 图 2.10 所示,混合型解析模型与其他三个模型相比,存在 3 个明显的变化区域。当 γ 较小时(表示河口辐聚效应较弱),混合型解析模型计算得到的主要的无量纲参数(μ、δ、λ 和 ε)与 Toffolon 和 Savenije(2011)的线性解较为接近。在临界收敛的过渡区域,混合型解析模型的计算结果介于准非线性解和线性解之间。当 γ 较大时(表示河口辐聚效应较强),混合型解析解接近无摩擦情况。此外,当 γ 较大时,潮波振幅沿程增大,Dronkers 的高阶解与混合型解析解非常接近,而当 $\gamma<2$ 时与准非线性解较为接近。对于理想型河口(即底床摩擦效应和河道辐聚效应相平衡),四种解析方法的计算结果是一样的。

2.4.2　解析模型在 Scheldt 河口中的应用

已知河口几何形状和底床摩擦参数,采用 2.3 节中介绍的解析模型可计算得到沿程变化的潮波振幅 η、流速振幅 υ、传播速度 c 和相位差 ε。本节将不同的解析

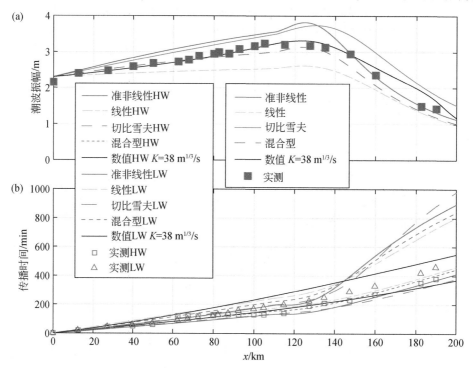

图 2.11　Scheldt 河口不同解析模型、数值模型计算值和实测值(1995 年 6 月 14 ~ 15 日)的
对比潮波振幅(a)以及高潮位和低潮位传播时间(b)

模型应用于 Scheldt 河口（河口长度 $L=200$ km），模型断面横截面积的辐聚长度 $a=27$ km，在河口下游河段（$x=0\sim110$ km）水深近似恒定（$\bar{h}=11$ m），而在河口上游水深向陆方向逐渐减少至 2.6 m。口门处（$x=0$ km）驱动潮波振幅为 $\eta_0=2.3$ m（对应大潮情况），周期为 $T=44400$ s 的简谐波。

图 2.11 为 Scheldt 河口 1995 年 6 月 14~15 日大潮期间的实测资料与四个解析模型的对比。不同的解析模型可采用不同的摩擦系数进行率定，Savenije 等（2008）的准非线性模型 $K=32$ m$^{1/3}$/s，Dronkers 的高阶方法 $K=33$ m$^{1/3}$/s，混合型模型 $K=39$ m$^{1/3}$/s，Toffolon 和 Savenije（2011）的线性模型 $K=46$ m$^{1/3}$/s。解析模型之间的差异在于采用不同的线性化摩擦公式，因此，可通过增大或减小摩擦系数进行调整。与此同时，将不同解析模型的计算结果与一维数值模型进行比较，结果表明率定后的数值模型 $K=38$ m$^{1/3}$/s，与混合型模型的结果最为接近（即 $K=39$ m$^{1/3}$/s）。

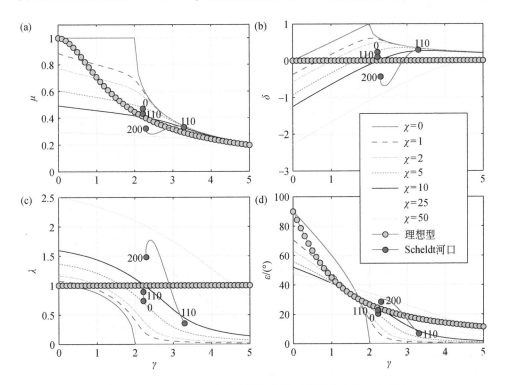

图 2.12 Scheldt 河口（红色圆圈）主要无量纲参数的变化轨迹

（a）流速振幅参数；（b）振幅梯度参数；（c）波速参数；（d）相位差。图中数字表示距口门的距离（单位为千米），图中背景为混合型解析模型在不同摩擦参数 χ 条件下的相应解析解，绿色圆圈符号代表理想型河口情况

如图 2.11 所示,所有模型均采用 $K=38 \text{ m}^{1/3}/\text{s}$,其中准非线性解和 Dronkers 的高阶解计算的潮波振幅衰减/增大参数均偏低,而线性解则偏高。在靠近上游河段,解析模型和数值模型计算的潮波传播时间均偏低,其原因主要是模型没有考虑流量的影响且潮波振幅与水深之比较大。

采用混合型解析模型可计算得到 Scheldt 河口的主要潮波传播特征量,如流速振幅参数、振幅梯度参数、波速参数和相位差,结果如图 2.12 所示,其中红色实线部分表示参数在 Scheldt 河口的沿程变化,旁边的数字表示距口门的距离(以千米为单位)。由图 2.12 可知,Scheldt 河口下游部分($x=0\sim110 \text{ km}$)为一垂直线,表明河口形状参数 γ 沿程不变,即横截面积辐聚长度和水深值恒定不变。在拐点处,其他解析方法与 Savenije 等(2008)的准非线性方法不同,并没有趋于驻波解。河口上游段由于水深变浅导致潮波振幅逐渐减小。

2.5　河口分类及潮汐动力对水深变化的响应

2.5.1　河口分类

河口可根据水量平衡、地貌特征、盐淡水混合和水力学特性进行分类(Valle-Levinson,2010)。潮波传播和河口地形之间的相互作用对于河口的分类亦非常重要(Dyer,1997)。Savenije 等(2008)提出河口的分类可基于地形辐聚效应(即河口形状参数 γ)和底床摩擦效应(即摩擦参数 χ)的动态平衡。当河口辐聚效应强于底床摩擦效应时,潮波振幅沿程增大;当底床摩擦效应强于河口辐聚效应时,则潮波振幅沿程衰减;若两者相近,则潮差沿程不变,河口类型为理想型。当河口其他变量(如口门处潮波振幅、横截面积辐聚长度、摩擦系数等)保持不变时,可定义理想型河口的水深 h_1,并根据实际水深 $\bar{h}$ 与理想型河口水深 h_1 的对比进行河口分类。当 $\bar{h}>h_1$ 时,河口潮波振幅沿程增大;当 $\bar{h}<h_1$ 时,河口潮波振幅沿程衰减;当 $\bar{h}=h_1$ 时,表示理想河口。

理想型河口可通过设置 $\delta=0(\lambda=1$ 且 $\tan\varepsilon=1/\lambda)$ 得到摩擦参数和形状参数之间的关系:

$$\chi=\frac{\gamma}{\dfrac{8}{9\pi}\sqrt{\dfrac{1}{\gamma^2+1}}+\dfrac{2}{3(\gamma^2+1)}} \tag{2.29}$$

其中,将式(2.11)代入式(2.6)可得摩擦参数为

$$\chi = r_{\mathrm{s}} \frac{gc_0}{K^2 \omega \overline{h}^{4/3} [1-(4\zeta/3)^2]} \zeta \tag{2.30}$$

当潮波振幅和水深的比值 ζ 较小时,式(2.30)与 Toffolon 等(2006)、Toffolon 和 Savenije(2011)的定义是相同的。

将式(2.29)代入式(2.30)可得理想水深 h_1 与潮波振幅 η、潮波频率 ω、横截面积辐聚长度 a 以及摩擦系数 K 的函数表达式:

$$h_1 = f(\eta, \omega, a, K) \tag{2.31}$$

通过简单的数值迭代(即牛顿–拉普森迭代法)算法可得到式(2.31)的解。图2.13为世界上 23 个河口的潮平均水深 $\overline{h}$,以及由式(2.31)计算得到的理想水深 h_1 和 2.5.2 节中提出的临界水深 h_C 的对比直方图。本章提出基于水深的相对变化量 $(\overline{h}-h_1)/\overline{h}$ 可评估潮波振幅增大或衰减的强度,如表 2.2 所示。由图 2.13 可知,大

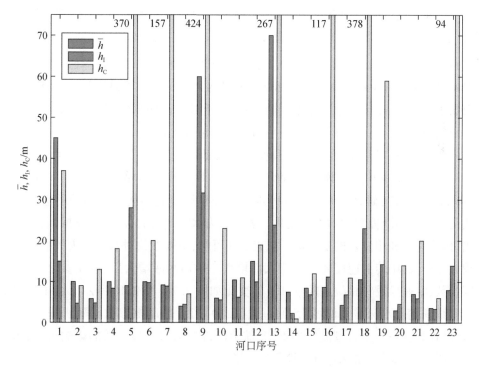

图 2.13　表 2.2 中不同河口的特征水深值,包括潮平均水深 $\overline{h}$、理想水深 h_1 以及临界水深 h_C,部分临界水深数值较高由数字表示

部分河口(如 Bristol 海峡、Fundy 湾、Scheldt 和 St. Lawrence 河口)为潮波振幅增大型河口,因此,潮平均水深和理想水深的差值为正值,且差值较大,而当两者相减为负值,则河口可定义为衰减型河口(如 Fraser、Ord、Gambia、Pungue、Lalang、Tha Chin 和 Chao Phya 河口)。此外,Gironde、Hudson、Potomac 和 Maputo 河口与理想型河口较为接近。Toffolon 等(2006)和 Savenije 等(2008)提出可利用两个无量纲参数 γ 和 χ 进行河口分类,本章的分类结果和他们基本一致,但本章提出的分类指标是有量纲的分类系统。

2.5.2　水深变化对河口潮汐动力的影响

本章提出的解析解可用于有效反演河口主要潮波传播变量的沿程变化(一阶精度)。因此,解析模型可用于快速评估河口的潮汐动力对内部或外界因素的响应,可为河口治理和水资源高效开发利用提供技术支撑。

世界大部分河口均有疏浚工程,导致河口地形发生明显变化,特别是河床下切、水深增大导致潮波振幅增大,直接影响盐水入侵,导致风暴潮加剧,同时全球海平面上升也会引起潮平均水深 $\bar{h}$ 发生变化,其影响与航道疏浚工程类似。基于长序列海平面记录,Church 和 White (2006)预测 1990 ~ 2100 年全球海平面上升的幅度为 0. 28 ~ 0. 34 m。在高二氧化碳排放和地壳上升/沉降的综合影响下(Lowe et al., 2009),英国河口在 21 世纪末的海平面上升将超过 0. 5 m。

假设河口口门处潮波振幅不因水深增大而变化,将表 2.2 中各个河口的平均水深增大 3 m,采用解析模型可探究水深变化对潮波振幅梯度的影响。Garrett 和 Greenberg(1977)研究了如何校正因水利工程建设引起的河口口门处的潮波振幅变化和相应的沿程潮汐动力的变化。表 2.3 为水深增大后,河口潮波振幅、流速振幅、传播速度和相位差的变化值。由表 2.3 可知,不同参数对水深增大的响应具有较大差异,其中传播速度随水深增大而增大。平均水深增大后,流速参数、振幅梯度参数、波速参数和相位差随 γ 和 χ 的变化如图 2.7 ~ 图 2.10 所示。由于河口形状参数 γ 随着水深增大而增大,通过式(2.30)可评估摩擦参数 χ 随水深的变化。假设口门处($x=0$ km)潮波振幅不变,航道疏浚对河口摩擦参数的影响为:当水深增大时,摩擦参数 χ 减小,而形状参数 γ 增大。

表 2.2 河口潮波特征参数及河口分类

编号	河口名称	T/h	η_0/m	$\bar{h}$/m	a/km	K/(m$^{1/3}$/s)	ζ	γ	χ	h_1/m	$(\bar{h}-h_1)/\bar{h}$	h_C/m	河口类型	参考文献
1	Bristol 海峡	12.4	2.6	45	65	33	0.06	2.30	0.48	14.9	0.67	37	过度增大型	Prandle(1985)
2	Columbia	12.4	1	10	25	38	0.10	2.81	2.21	4.7	0.53	9	过度增大型	Giese 和 Jay(1989)
3	Delaware	12.5	0.64	5.8	40	51	0.11	1.35	2.21	4.8	0.18	13	增大型	Friedrichs 和 Aubrey(1994)
4	Elbe	12.4	2	10	42	43	0.20	1.68	3.79	8.4	0.16	18	增大型	Savenije 等(2008)
5	Fraser	12.4	1.5	9	215	41	0.17	0.31	6.28	28.0	-2.11	370	衰减型	Prandle(1985)
6	Gironde	12.4	2.3	10	44	48	0.23	1.60	5.52	9.8	0.02	20	理想型	Allen 等(1980)
7	Hudson	12.4	0.69	9.2	140	67	0.08	0.48	0.58	8.9	0.03	157	理想型	Prandle(1985)
8	Ord	12	2.5	4	15.2	50	0.63	2.83	54.5	4.5	-0.11	7	衰减型	Wright 等(1973)
9	Fundy 湾	12.4	2.1	60	230	33	0.04	0.75	0.23	31.7	0.47	424	增大型	Prandle(1985)
10	Potomac	12.4	0.65	6	54	56	0.11	1.01	1.75	5.6	0.07	23	理想型	Prandle(1985)
11	Scheldt	12.4	1.9	10.5	27	39	0.18	2.67	3.35	6.2	0.41	11	增大型	Savenije(1992b)
12	Severn	12.4	3	15	41	40	0.20	2.10	3.09	10.0	0.33	19	增大型	Uncles(1981)

续表

编号	河口名称	T/h	η_0/m	h/m	a/km	K /(m$^{1/3}$/s)	ζ	γ	χ	h_1/m	$(\bar{h}-h_1)/\bar{h}$	h_C/m	河口类型	参考文献
13	St. Lawrence	12.4	2.5	70	183	44	0.04	1.02	0.11	23.8	0.66	267	增大型	Prandle(1985)
14	Tees	12	1.5	7.5	5.5	36	0.20	10.7	6.62	2.3	0.69	1	过度增大型	Lewis R E 和 Lewis J O(1987)
15	Thames	12.3	2	8.5	25	31	0.24	2.57	9.94	6.9	0.19	12	增大型	Savenije(1992b)
16	Gambia	12.4	0.6	8.7	121	42	0.07	0.54	1.43	11.2	-0.29	117	衰减型	Savenije(1992b)
17	Pungue	12.4	3	4.3	20	31	0.70	2.31	341	6.9	-0.60	11	衰减型	Savenije(1992b)
18	Lalang	12.4	1.5	10.6	217	40	0.14	0.33	2.73	23.0	-1.17	378	衰减型	Savenije(1992b)
19	Tha Chin	12.4	1.35	5.3	87	34	0.25	0.59	13.47	14.3	-1.69	59	衰减型	Savenije(1992b)
20	Incomati	12.4	0.5	3	42	50	0.17	0.92	6.14	4.6	-0.53	14	衰减型	Savenije(1992b)
21	Limpopo	12.4	0.55	7	50	43	0.08	1.18	1.82	5.9	0.15	20	增大型	Savenije(1992b)
22	Maputo	12.4	1.4	3.6	16	48	0.39	2.64	17.0	3.4	0.06	6	理想型	Savenije(1992b)
23	Chao Phya	12.4	0.9	8	109	35	0.11	0.58	3.55	13.9	-0.74	94	衰减型	Savenije(1992b)

注：数据改自 Toffolon 等（2016）。

表 2.3　平均水深增大 3 m 后潮波振幅、流速振幅、传播速度和相位差的变化幅度

编号	名称	$\Delta\eta$ /m		Δv /(m/s)		Δc /(m/s)		$\Delta\varepsilon$ /(°)	
		$x=0$	$x=50$ km	$x=0$	$x=50$ km	$x=0$	$x=50$ km	$x=0$	$x=50$ km
1	Bristol 海峡	0	-0.05	-0.06	-0.09	105.49	91.87	-0.83	-1.06
2	Columbia	0	-0.09	-0.11	-0.17	110.36	92.33	-2.40	-3.46
3	Delaware	0	0.18	-0.05	0.06	3.27	2.69	-7.90	-7.70
4	Elbe	0	0.33	-0.05	0.07	4.36	3*29	-7.21	-6.39
5	Fraser	0	0.19	0	0.09	0.84	0.48	223	1.45
6	Gironde	0	0.40	-0.04	0.11	3.06	2.30	-5.80	-5.22
7	Hudson	0	0.05	-0.06	-0.02	0.25	0.24	1.72	1.26
8	Ord	0	1.29	-0.12	0.13	24.10	11.62	-24.27	-15.11
9	Fundy 湾	0	0.01	-0.02	-0.02	0.13	0.13	-0.17	-0.16
10	Potomac	0	0.15	-0.05	0.06	1.38	1_21	-2.42	-3.24
11	Scheldt	0	-0.07	-0.19	-0.24	52.22	40.48	-5.77	-7.55
12	Severn	0	0.19	-0.12	-0.05	14.23	9.54	-8.28	-7.40
13	St. Lawrence	0	0	-0.02	-0.02	0.24	0.24	-0.53	-0.51
14	Tees	0	-0.04	-0.05	-0.05	878.26	841.05	-0.06	-0.07
15	Thames	0	0.31	-0.14	-0.04	17.64	11.65	-11.85	-10.78
16	Gambia	0	0.07	-0.03	0.02	0.55	0.44	222	1.25
17	Pungue	0	1.55	0.37	0.38	3.94	1.40	-17.2	-8.35
18	Lalang	0	0.15	-0.02	0.06	0.6 S	0.42	2.78	1.90
19	Tha Chin	0	0.34	0.02	0.17	1.20	0.59	0.40	-0.68
20	Incomati	0	0.27	-0.03	0.16	1.88	1*23	-4.08	-5.68
21	Limpopo	0	0.11	-0.03	0.04	1.84	1.61	-4.00	-4.39
22	Maputo	0	0.50	-0.27	-0.09	36.4	23.7	-19.6	-17.8
23	Chao Phya	0	0.14	-0.02	0.06	0.88	0.59	1.55	0.56

　　河口水深变化对潮汐动力具有明显的非线性影响,即水深增大可能导致潮波振幅增大也可能导致潮波振幅减少。图 2.14 为在河口不同位置($x-0$ km 和 $x-$ 50 km)处水深分别增大 3 m 和 0.3 m 所引起的流速振幅变化。图 2.14(a)为水深增大 3 m 情况,由图可知,除 Fraser、Pungue 和 Tha Chin 河口外,口门处的流速振幅通常因水深增大而减小,而在 $x=50$ km 处大部分河口流速随水深增大而增大。流速振幅的变化主要取决两个控制参数,即 γ 和 χ(图 2.7)。Tees 河口(见表 2.3,编

号 14)的流速振幅较大是因为河口的强辐聚效应($\gamma=10.72$)导致形潮波形式为驻波且传播速度接近无穷大。图 2.14(b)为水深增加量较小(0.3 m)的变化情况。

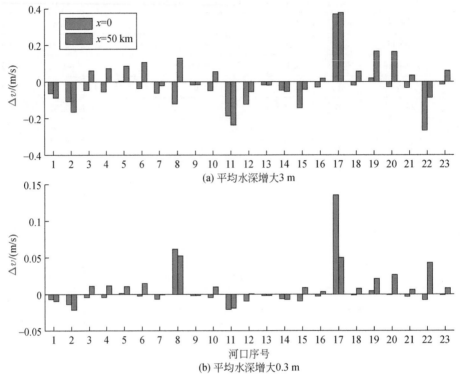

图 2.14　流速振幅在河口口门处($x=0$)和 $x=50$ km 处随水深的变化
（与 2100 年海平面上升预测一致）

由表 2.3 可知,水深增大 3 m 后大多数河口在 $x=50$ km 处的潮波振幅增大,而在河道辐聚效应很强的河口中振幅反而减少,如 Bristol Channel、Columbia、Scheldt 和 Tees 河口。该种现象与水深增大引起有效摩擦减少而导致潮波振幅增大情况相反。图 2.15 为潮波振幅梯度参数 δ 随水深增大的变化轨迹。由图 2.15 可知,Bristol Channel、Columbia、Scheldt 和 Tees 河口(编号分别为 1、2、11 和 14)的振幅梯度参数实际上随水深增大而减少。由此可见,水深增大导致 δ 增大至最大值时,达到临界水深 h_c,可定义为

$$\frac{\partial \delta}{\partial \bar{h}}=0 \tag{2.32}$$

若水深持续增大将导致振幅梯度减少,直至逐渐达到理想型河口条件($\delta=0$)。

Savenije 等(2008)中有一个关于临界收敛的方程(即他们的方程 43)与式(2.32)的条件基本对应。临界收敛是潮波成为驻波的条件。Savenije 等(2008)的准非线性解需采用两组解用于描述从混合波状态转换至驻波状态,解具有不连续性,而本章提出的混合型解析解具有连续性。

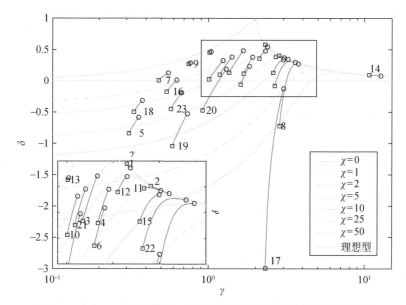

图 2.15　表 2.2 中不同河口水深变化对潮波振幅梯度参数的影响

黑色正方形符号表示航道疏浚前的初始值,黑色圆圈表示平均水深增大 3 m 后的值,红色部分代表不同河口 γ 和 δ 的变化轨迹,灰色线条表示混合型解析模型在不同摩擦参数 χ 条件下的解析解

当实际水深 $\bar{h} > h_1$ 时,河口可定义为"过度增大型"河口,这种情况仅见于强辐聚(γ 值大)弱耗散(χ 值小)河口,水深增大反而削弱河口振幅增大效应。采用本章提出的混合型解析模型,改变水深值,使其满足条件式(2.32)进而确定临界水深 h_C,计算结果如表 2.2 所示。图 2.13 为潮平均水深和临界水深 h_C 的对比。通过对比两个特征水深值的差异,可知河口是否存在过度增大现象(如 Bristol、Columbia 和 Tees 河口,对应编号分别为 1、2 和 14),并预测水深变化对潮汐动力的影响。本章提出的解析模型可为评估强人类活动(如航道疏浚)引起的河口地形变化和海平面上升等对潮波传播的影响提供一种快速简便的工具,可为进一步探究强人类活动对河口生态环境的影响和水资源管理等提供理论依据。

由图 2.15 可见,Bristol 河口、芬迪湾和 St. Lawrence 海峡(编号分别是 1、9 和 13)的振幅梯度参数变化幅度较小,应该是由于这些河口潮平均水深较大,而航道疏浚引起的河口形状参数变化相对较小。

2.6 小　　结

本章通过引入新的潮波振幅梯度方程重新探讨 Savenije 等(2008)提出的潮波传播准非线性解析方法,该方程与 Dronkers 提出的高阶项方程类似。采用新的解析解,模型能够更为准确地重构河口主要潮波传播特征值的沿程变化。本章结果表明不同的解析模型,包括 Toffolon 和 Savenije(2011)、Van Rijn(2011)的线性解析模型和 Savenije 等(2008)提出的准非线性模型均可用统一的理论框架进行描述,即通过解一组非线性方程组得到解析解,但不同方法所采用的线性化摩擦项有所不同。不同解析模型的对比结果表明,它们之间的主要区别在于非线性摩擦项的线性化处理,即线性解析模型采用经典的线性化摩擦项得到潮波振幅梯度方程,而准非线性解析模型保留完整的二阶流速项和水深变化项,但依然假设潮波为一简谐波用于确定高潮位和低潮位的潮波流速。准非线性解析模型和 Dronkers 的高阶解析模型之间差别在于,Dronkers 的摩擦项并未考虑非线性摩擦项中的水深变化项。此外,Savenije 等(2008)的准非线性模型在推导过程中保留了密度梯度项,而其他方法并没有考虑密度梯度的影响,由于潮平均条件下高潮位和低潮位包络线相减消去了密度梯度项。另外,本章提出的包络线方法可将流量对潮波传播影响考虑进来(如 Cai et al.,2012)。

不同解析解和数值解的对比结果表明,Savenije 等(2008)的准非线性解与 Toffolon 和 Savenije(2011)的线性解均与数值结果均存在一定误差(偏高或偏低)。但两者的加权平均与数值解结果较为接近,其中线性摩擦项的权重为 1/3,而准非线性摩擦项为 2/3。不同解析模型在强辐聚型($\gamma>2$)Scheldt 河口中的应用表明,混合型解析模型与实测值和数值结果吻合程度最好。

本章提出的混合型解析模型不仅克服了准非线性解析模型存在的不连续现象,而且与经典线性解析模型相比具有较高的计算精度。模型可进一步用于评估水深增大(如人为采砂、航道疏浚或海平面上升)对河口潮波传播的影响。此外,本章提供两个河口水深的特征值,一个是理想水深 h_1(潮波振幅沿程不变),另一个是临界水深 h_c(对应潮波增大率的最大值)。通过平均水深和理想水深的对比,可将河口分为三类:衰减型($\bar{h}<h_1$)、增大型($\bar{h}>h_1$)和理想型($\bar{h}\approx h_1$)。当河口水深大于临界水深 h_c 时,水深进一步增大将削弱潮波振幅的增大速率。

第3章 半封闭辐聚型河口潮波共振机制

3.1 引　　言

　　辐聚型河口(即横截面沿程辐聚收缩的河口)的潮波传播不仅受河道辐聚和底床摩擦影响,在半封闭河口中还受上游端反射波的影响。从潮波传播的理论框架来看,无限长河口的潮波传播过程可认为是半封闭河口的一种特例(即河口长度趋于无穷大)。探讨入射波与反射波的叠加、河道地形变化及潮汐动力演变对河口潮波共振的影响机制,对河口治理、航运发展和水利工程设计等具有重要现实意义。本章采用一维解析模型探讨半封闭辐聚型河口潮波的共振机制,模型的控制变量为3个无量纲参数 γ、χ_0 和 L_e^*(定义见表3.1),分别代表横截面积的辐聚程度、底床摩擦及口门至上游封闭端的距离。模型将河口分成若干段(即分段法)能够考虑沿程河宽和水深的任意变化,通过求解满足水位和流量连续性条件的线性方程组,可重构河口主要潮波变量(潮波振幅梯度、流速振幅、传播速度、流速和水位之间的相位差)的沿程变化。本章提出的解析模型考虑了动量守恒方程中的水深沿程变化,而这在经典的潮汐理论中往往被忽略。该模型可直接描述河口潮波共振的响应特性,探讨不同控制参数(河道辐聚、底床摩擦和反射波)的相对重要性。

表 3.1　解析模型采用的无量纲参数

自变量	因变量
口门外潮波振幅 $\zeta_0 = \eta_0/\overline{h_0}$　　　　　　　口门处摩擦参数 $\chi_0 = r_S c_0 \zeta_0 g/(K^2 \omega \overline{h_0}^{\frac{4}{3}})$　　　　河口形状参数 $\gamma = c_0/(\omega a)$　　　　河口长度参数 $L_e^* = L_e/L_0$	潮波振幅 $\zeta = \eta/\overline{h}$ 摩擦参数 $\chi = r_S c_0 \zeta g/(K^2 \omega \overline{h}^{\frac{4}{3}})$ 流速振幅参数 $\mu - \nu/(\iota_S \zeta c_0)$ 水位振幅梯度参数 $\delta_A = c_0 d\eta/(\eta \omega dx)$ 流速振幅梯度参数 $\delta_V = c_0 dv/(v \omega dx)$ 水位波速参数 $\lambda_A = c_0/c_A$ 流速波速参数 $\lambda_V = c_0/c_V$ 流速与水位之间的相位差 $\phi = \phi_V - \phi_A$

已有众多学者提出半封闭河口潮波传播的解析表达式,包括直接求解(Taylor,1921;Hunt,1964;Bennett,1975;Robinson,1980;Rainey,2009)和采用无量纲两种形式(Prandle and Rahman,1980;Prandle,1985;Van Rijn,2011;Toffolon and Savenije,2011;Winterwerp and Wang,2013),然而大多数学者的解析解是针对整个河口的潮波传播过程(称之为"全局解"),假设河口沿程的线性化摩擦项为恒定值。Taylor(1921)是最早提出半封闭河口潮波传播解析解的学者之一,他假设河宽和水深沿程线性变化,忽略底床摩擦,同时假设潮波性质为驻波(即流速和水位之间的相位差为90°),采用贝塞尔函数描述潮波振幅的沿程变化。基于 Taylor 的方法,Bennett(1975)和 Rainey(2009)提出半封闭河口潮波传播的通解,入射波和反射波的潮波性质介于前进波和驻波之间,然而,他们的模型依然没有考虑底床摩擦的影响。之后,Robinson(1980)进一步考虑了摩擦效应并推导得出相应的解析解。Hunt(1964)、Prandle 和 Rahman(1980)、Prandle(1985)等采用不同的河口地形概化方式推导得出相应的潮波传播解析解,在线性化摩擦项和贝塞尔函数描述结果方面与 Robinson 的方法基本相同。近年来,Van Rijn(2011)、Toffolon 和 Savenije(2011)及 Winterwerp 和 Wang(2013)采用不同的推导方法得出半封闭辐聚型河口的潮波传播解析解,其中河口宽度呈指数变化,而水深为恒定值,但所得解析解本质上是相同的(Cai et al.,2014)。值得注意的是,虽然 Prandle 和 Rahman(1980)在质量守恒方程中考虑沿程水深的变化,但他们在动量守恒方程中依旧假设摩擦系数为恒定值(即不随水深变化)。

本章的目的在于提供一个统一的线性解析理论框架,用以描述半封闭辐聚型河口主要潮波变量的沿程变化,进而揭示潮波共振对不同控制因素的响应机制。已有研究表明,在无限长河口中,潮波传播的解析解可通过解一个包含 4 个非线性方程的方程组得到,方程组的输入参数为描述河口辐聚程度和底床摩擦的两个无量纲参数,输出参数为描述潮波振幅梯度、流速振幅、传播速度、流速与水位相位差的四个无量纲参数(Toffolon et al.,2006;Savenije et al.,2008;Cai et al.,2012)。类似地,本章指出在半封闭辐聚型河口中,通过求解一组非线性隐式方程可得到主要潮波变量随潮汐动力的主要控制参数(即河口口门潮波振幅、河口长度、河道辐聚和底床摩擦等)的响应机制。

3.2　潮波动力学基本方程

3.2.1　地形和控制方程

假设潮优型半封闭河口长度为 L_e,潮波频率为 $\omega=2\pi/T$,其中 T 为潮波周期 (如 M_2 分潮周期约为 12.42 h)。潮波传播至河口时,描述潮波运动的物理量包括:水位传播速度 c_A、流速传播速度 c_V、潮波振幅 η、流速振幅 υ、水位相位 ϕ_A 和流速相位 ϕ_V。半封闭型河口的地形概化如图 3.1 所示,x 为以口门为坐标原点沿河流方向的距离,向陆方向为正方向。假定潮平均断面横截面积 $\bar{A}$ 和河宽 $\bar{B}$ 沿河流方向呈指数收敛:

$$\bar{A}=\bar{A}_0\exp(-x/a), \quad \bar{B}=\bar{B}_0\exp(-x/b) \tag{3.1}$$

式中,$\bar{A}_0$ 和 $\bar{B}_0$ 分别为口门处 $(x=0)$ 的断面横截面积和河宽;a 和 b 为它们相应的辐聚长度。假设横截面为矩形,则潮平均水深 $\bar{h}=\bar{h}_0\exp\left(-\dfrac{x}{a}\right)$,式中,$\bar{h}_0=\bar{A}_0/\bar{B}_0$ 为口门处潮平均水深,$d=ab/(b-a)$ 为潮平均水深的辐聚长度。r_S 为边滩系数,定义为满槽河宽 B_S 与潮平均档口宽 $\bar{B}$ 之比(即 $r_S=B_S/\bar{B}$)。

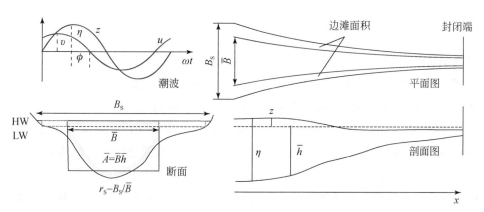

图 3.1　潮汐通道地形概化图及相关物理量(改自 Savenije et al.,2008)

在断面横截面积逐渐变化的河道中,断面平均的质量和动量守恒方程(即一维圣维南方程组)分别为

$$r_\text{S}\,\frac{\partial h}{\partial t}+U\,\frac{\partial h}{\partial x}+h\,\frac{\partial U}{\partial x}+\frac{hU\mathrm{d}\bar{B}}{\mathrm{d}x}=0 \tag{3.2}$$

$$\frac{\partial U}{\partial t}+U\,\frac{\partial U}{\partial x}+g\,\frac{\partial Z}{\partial x}+gj=0 \tag{3.3}$$

式中,U 为断面平均流速;Z 为自由水面高程;$h=\bar{h}+Z$ 为水深;g 为重力加速度;t 为时间,式中无量纲摩擦项 j 定义为

$$j=\frac{U|U|}{K^2 h^{4/3}} \tag{3.4}$$

式中,K 为曼宁摩擦系数的倒数。此外,K 还隐含其他地貌因素的影响,如粗糙度、底床形态、悬移质泥沙影响(如 Winterwerp and Wang,2013;Wang et al.,2014)和边滩(或潮滩)影响(如 Savenije,2005,2012)等。因此,将摩擦系数 K 作为解析模型的率定参数。

3.2.2　控制方程的线性化和无量纲化

解析解的推导要求对控制方程中非线性项进行线性化或忽略不计(Toffolon and Savenije,2011)。采用洛伦兹的线性化方法(Lorentz,1926;Zimmerman,1982)将摩擦项中的二次流速项进行线性化,且假设水深恒定,则线性化摩擦系数 r 的表达式为

$$gj=rU,\qquad r=\frac{8}{3\pi}\frac{g}{K^2}\frac{\hat{v}}{\bar{h}^{1/3}} \tag{3.5}$$

式中,$\hat{v}$ 为断面平均的可能最大流速。随 x 变化流速振幅 v 通常用作流速的参考量,即 $\hat{v}=v$。由于摩擦系数 r 中的 v 是一个未知量,通常需要采用迭代算法确定最终的 r 值(Toffolon and Savenije,2011;Roos and Schuttelaars,2011)。

河口非线性作用对大多数潮波传播具有重要影响(Friedrichs and Aubrey,1994;Alebregtse and de Swart,2014),特别是在振幅与水深比值较大的情况下。同时,由于倍潮波的生成(如 M_2 非线性作用产生 M_4),潮波传播过程还会变形。虽然这些非线性效应可直接通过数值模型进行模拟,在解析解的推导过程中忽略这些效应,用于反演潮波传播的主要变化过程。

将式(3.2)和式(3.3)线性化后,可得到变量 Z 或 U 的二阶偏微分方程。方程仅在微分方程中的系数为常数时,才能得到相应的解析解,这表明模型的水深和线性摩擦项均为常数(Van Rijn,2011;Toffolon and Savenije,2011;Winterwerp and

Wang,2013)。否则,需要采用贝塞尔函数描述解析解,用于考虑质量守恒方程中的沿程变化的水深项,但解析解依然假设动量守恒方程中的摩擦系数恒定不变(Prandle and Rahman,1980)。

Toffolon 和 Savenije(2011)的研究表明,半封闭河口潮汐动力主要由描述河口地形和潮波特征值的无量纲参数(表 3.1)控制,包括无量纲潮波振幅 $\zeta_0=\eta_0/\bar{h}_0$(代表外海动力边界条件)、河口形状参数 $\gamma=c_0/(\omega a)$(代表河口横截面积的辐聚程度)、摩擦参数 χ_0(描述底床摩擦耗散作用)、无量纲河口长度 L_e^*(其中 * 号表示无量纲参数)。表 3.1 中 η_0 为口门处潮波振幅,$c_0=\sqrt{g\bar{h}/r_S}$ 为无摩擦棱柱形河口的传播速度,$L_0=c_0T$ 为无摩擦棱柱形河口的潮波波长。

河口主要潮波传播特征值的无量纲参数如表 3.1 所示,包括沿程变化的潮波振幅 ζ、摩擦参数 χ、流速振幅 μ(表示实际流速振幅与无摩擦棱柱形河口流速振幅的比值),水位波速和流速波速 λ_A 和 λ_V(表示无摩擦棱柱形河口潮波传播速度和实际潮波传播速度的比值),水位振幅和流速振幅振幅梯度参数 δ_A 和 δ_V(δ_A 或 $\delta_V>0$,表示河口潮波振幅或流速振幅沿程增大;δ_A 或 $\delta_V<0$,表示河口潮波振幅或流速振幅沿程衰减),以及流速与水位之间的相位差 $\phi=\phi_V-\phi_A$。

不同学者提出各自的一维水动力潮波传播线性解法(如 Van Rijn,2011;Toffolon and Savenije,2011;Winterwerp and Wang,2013),本章采用 Toffolon 和 Savenije(2011)提出的线性解析解,如附录 C 所示。

3.3　半封闭河口潮波传播的解析解

3.3.1　解析解

Toffolon 和 Savenije(2011)提出半封闭河口主要潮波变量(μ、δ_A、δ_V、λ_A、λ_V、ϕ)的隐式关系式,本章进一步将这些关系式化简,得到一组以 δ_A 和 λ 为自变量的方程组:

$$\delta_V=\gamma-\frac{\delta_A+\hat{\chi}\lambda_A}{\delta_A^2+\lambda_A^2} \tag{3.6}$$

$$\lambda_V=\frac{\lambda_A+\hat{\chi}\delta_A}{\delta_A^2+\lambda_A^2} \tag{3.7}$$

$$\mu^2 = \frac{\delta_A^2 + \lambda_A^2}{1 + \hat{\chi}^2} \qquad (3.8)$$

$$\tan(\phi) = \frac{\delta_A + \hat{\chi}\lambda_A}{\lambda_A + \hat{\chi}\delta_A} \qquad (3.9)$$

其中,式(3.8)是通过 $\hat{\chi} = 8\mu\chi/(3\pi)$ 得到的流速振幅参数 μ 的隐式方程。将 $\hat{\chi}$ 代入式(3.8)可得关于 μ^2 的二次多项式:

$$\mu^2 = \frac{-1 + \sqrt{1 + 256\chi^2/(9\pi^2)(\delta_A^2 + \lambda_A^2)}}{128\chi^2/(9\pi^2)} \qquad (3.10)$$

通过解自变量为 δ_A 和 λ_A 的式(3.6)、式(3.7)、式(3.9)和式(3.10)可得主要的潮波传播变量 δ_A、λ_A、μ 和 ϕ。因此,求解半封闭河口潮波传播的解析解就仅需要确定 δ_A 和 λ_A。

3.3.2　全局解析解

假设河口沿程的主要潮波特征变量不变,则可通过全局解确定 δ_A 和 λ_A。这两个参数均是河口形状参数、摩擦参数和距封闭端长度的函数:

$$\delta_A = \frac{\gamma}{2} - \Re\left\{ \Lambda\left[1 - \frac{2}{1 + \exp(4\pi\Lambda L^*)\dfrac{\Lambda + \gamma/2}{\Lambda - \gamma/2}} \right] \right\} \qquad (3.11)$$

$$\lambda_A = \Im\left\{ \Lambda\left[1 - \frac{2}{1 + \exp(4\pi\Lambda L^*)\dfrac{\Lambda + \gamma/2}{\Lambda - \gamma/2}} \right] \right\} \qquad (3.12)$$

式中,$\Lambda = \sqrt{\dfrac{\gamma^2}{4} - 1 + I\hat{\chi}}$;$L^* = L_e^* - x^*$ 为河口某一点至上游封闭端的距离。

式(3.6)~式(3.9)结合式(3.11)~式(3.12),可用于联解求得半封闭河口潮波传播的解析解。表3.2为普适情况和特殊情况下的解析解,包括无限长河口($L^* \to \infty$),无摩擦条件($\chi = 0$,亚临界收敛条件 $\gamma < 2$ 和超临界收敛条件 $\gamma \geqslant 2$)以及横截面积沿程不变($\gamma = 0$)。若 L^* 接近无穷大,则方程组式(3.6)~式(3.9)和式(3.11)~式(3.12)可简化为无限长河口(即不考虑上游封闭端反射波影响)的解析解(Toffolon and Savenije,2011)。

由于摩擦参数 $\hat{\chi}$ 包含未知参数 μ(或者 υ),需要通过迭代算法进行计算(Toffolon and Savenije,2011):①假设 $\hat{\chi} = \chi$,采用3.1节中介绍的解析方法计算 $\mu = |V^*|$;②更新方程 $\hat{\chi} = 8\mu\chi/(3\pi)$ 并重新计算 μ;③重复以上过程直至结果收敛。

表 3.2　半封闭河口一维水动力解析解

概化条件	$\delta_{\mathrm A}$	$\lambda_{\mathrm A}$	$\delta_{\mathrm V}$	$\lambda_{\mathrm V}$	μ	$\tan(\phi)$
无限长河口 $(L^* \to \infty)$	$\dfrac{\gamma}{2}-\Re\left\{\Lambda\left[1-\dfrac{2}{1+\exp(4\pi\Lambda L^*)}\dfrac{\Lambda+\gamma/2}{\Lambda-\gamma/2}\right]\right\}$	$\Im\left\{\Lambda\left[1-\dfrac{2}{1+\exp(4\pi\Lambda L^*)}\dfrac{\Lambda+\gamma/2}{\Lambda-\gamma/2}\right]\right\}$	$\gamma-\dfrac{\delta_{\mathrm A}+\hat\chi\lambda_{\mathrm A}}{\delta_{\mathrm A}^2+\lambda_{\mathrm A}^2}$	$\dfrac{\lambda_{\mathrm A}+\hat\chi\lambda_{\mathrm A}}{\delta_{\mathrm A}^2+\lambda_{\mathrm A}^2}$	$\dfrac{\delta_{\mathrm A}^2+\lambda_{\mathrm A}^2}{1+\hat\chi^2}$	$\dfrac{\delta_{\mathrm A}+\hat\chi\lambda_{\mathrm A}}{\lambda_{\mathrm A}+\hat\chi^2\delta_{\mathrm A}}$
无摩擦 $(\chi=0)$ 亚临界 $(\gamma<2)$	$\dfrac{\sin(2\pi\alpha L^*)}{\cos(2\pi\alpha L^*-\theta)}+\alpha/2$	0	$\gamma-\dfrac{1}{\delta_{\mathrm A}}$	0	$\delta_{\mathrm A}$	$\phi=\pi/2$
超临界 $(\gamma\geqslant2)$	$\dfrac{\gamma}{2}-\Lambda\left[1-\dfrac{2}{1+\exp(4\pi\Lambda L^*)}\dfrac{\Lambda+\gamma/2}{\Lambda-\gamma/2}\right]$	0	$\gamma-\dfrac{1}{\delta_{\mathrm A}}$	0	$\delta_{\mathrm A}$	$\phi=\pi/2$
恒定横截面 $(\gamma=2)$	$-\Re\left\{\Lambda\left[1-\dfrac{2}{1+\exp(4\pi\Lambda L^*)}\right]\right\}$	$\Im\left\{\Lambda\left[1-\dfrac{2}{1+\exp(4\pi\Lambda L^*)}\right]\right\}$	$\dfrac{\delta_{\mathrm A}+\hat\chi\lambda_{\mathrm A}}{\delta_{\mathrm A}^2+\lambda_{\mathrm A}^2}$	$\dfrac{\lambda_{\mathrm A}+\hat\chi\lambda_{\mathrm A}}{\delta_{\mathrm A}^2+\lambda_{\mathrm A}^2}$	$\dfrac{\delta_{\mathrm A}^2+\lambda_{\mathrm A}^2}{1+\hat\chi^2}$	$\dfrac{\delta_{\mathrm A}+\hat\chi\lambda_{\mathrm A}}{\lambda_{\mathrm A}+\hat\chi^2\delta_{\mathrm A}}$

3.3.3　分段法求解

式(3.6) ~ 式(3.12)均是针对距离为 x^* 进行定义的,隐含假设潮波特征变量从 x 至上游封闭端沿程不变。因此,这些方程描述的是局部区域的潮汐动力变化,采用分段法(即将整个河口分成多个河段)可求得主要潮波传播特征变量的沿程变化。

实际河口潮波传播受沿程变化的河道地形(如水深和摩擦)和反射波的影响。因此,需要采用分段法(Toffolon and Savenije,2011)将整个河口分成多个河段,通过解一组满足质量守恒条件的线性方程来求得解析解。通过分段法可重构任意形状(包括任意变化的河宽和水深)的河口水动力变化。

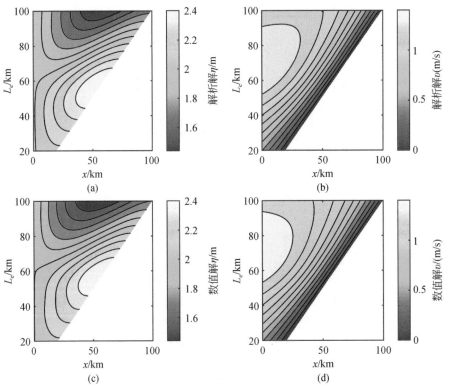

图3.2　不同河口长度条件下半封闭河口潮波振幅 η 和流速振幅 υ 的等值线图

数值算例中 $\zeta_0 = 0.2$、$h_0 = 10$ m、$T = 12.42$ h、$b = 100$ km、$d = 160$ km、$K = 45$ m$^{1/3}$/s、$r_S = 1$,

(a)和(b)代表解析模型计算得到的 η 和 υ 值,(c)和(d)代表数值模型计算 η 和 υ 值

将解析解与完全非线性的一维数值解（Toffolon et al.,2006）进行比较,可用于检验解析模型的准确性。数值模型采用显式的 MacCormack 数值模式,在时间和空间上均为二阶精度。由于解析模型仅关注单个天文分潮（如 M_2）的变化,因此,对数值模型结果进行傅里叶分析提取主要天文分潮的调和常数（即振幅和相位）。在数值算例中,半封闭河口的主要特征参数包括:$\zeta_0 = 0.2$、$h_0 = 10$ m、$T = 12.42$ h、$b = 100$ km、$d = 160$ km、$K = 45$ m$^{1/3}$/s、$r_S = 1$,河口长度为 $20 \sim 100$ km。图 3.2 为解析模型计算得到的潮波振幅和流速振幅与数值结果的对比。由图可知,本章提出的解析模型能够较好地重构完全非线性的数值结果。

3.3.4　不同解析模型的对比

众多学者给出不同地形条件下（常数、幂函数、指数函数等）半封闭河口的潮波传播解析解（Hunt,1964;Ippen,1966;Prandle and Rahman,1980;Souza and Hill,2006;Toffolon and Savenije,2011;Van Rijn,2011;Winterwerp and Wang,2013）。这些解析解的主要差别在于对边界条件、地形概化和摩擦项线性化的处理方法。值得注意的是,对于河宽呈指数收敛且水深恒定的无限长河口,不同学者推导得出的解析解（Prandle,1985;Friedrichs and Aubrey,1994;Lanzoni and Seminara,1998;Prandle,2003;Friedrichs,2010）本质上是一样的,这是因为这些学者均采用线性化的摩擦项且求解相同的控制方程（Cai et al.,2012b,2014a）。对于辐聚型半封闭河口,不同学者的解析解本质上也是相同的（Winterwerp and Wang,2013）。例如,Winterwerp 和 Wang（2013）的解析解中定义波数为复数（见他们的方程 10）,其中实数部分表示实际的波数 ω/c,而虚部部分则表示潮波振幅的衰减率 $\mathrm{d}\eta/(\eta\mathrm{d}x)$。

然而,大多数解析解均假设摩擦系数 r 沿程不变[见式（3.5）],表明模型隐含线性摩擦项中的最大流速和平均水深均不变的假设。本章的解析模型一方面采用迭代算法确定实际的最大流速值,另一方面采用分段法考虑沿程变化的地形。Prandle 和 Rahman（1980）的解析模型采用幂函数来近似沿程变化的河宽和水深,但仅局限于连续方程,而在动量守恒方程中依然假设摩擦系数为一恒定值。

式（3.6）~ 式（3.9）以及式（3.11）~ 式（3.12）构成的解析解可认为是无限长河口解析解的一种拓展。在式（3.11）、式（3.12）中,δ_V、λ_V、μ、ϕ 和 δ_A 和 λ_A 之间的关系式,即式（3.6）~ 式（3.9）,是潮波传播的局部解。采用分段法可正确反演出沿程变化的地形和水动力对潮波传播的影响（见 3.3.3 节）。

3.3.5　潮波振幅和传播速度

图 3.3 为口门处的水位振幅梯度参数 δ_A 和传播速度参数 λ_A 在给定不同摩擦参数 χ 条件下,随着河口形状参数 γ 和无量纲河口长度 L_e^* 的等值线变化。图 3.3(a) ~ (d)中 $\delta_A<0$ 表示潮波振幅沿程减少,反之 $\delta_A>0$ 表示潮波振幅沿程增大。在无限长河口中,可以定义 $\delta_A=0$,即底床摩擦与河道辐聚效应相平衡(Savenije et al.,2008;Cai et al.,2012b),对应理想型河口情况。然而,在半封闭河口中,潮波振幅梯度参数 δ_A 沿程变化显著[图 3.3(a)],并不存在典型的理想型河口情况。在底床摩擦和河道辐聚效应均较小的河口[χ 和 γ 趋于 0,见图 3.3(a)],解析解与无摩擦棱柱形河口情况类似,δ_A 随河口长度 L_e^* 出现较大幅度的变化。在棱柱形河($\gamma=0$)中,潮波振幅梯度为 $\delta_A=0$(细红线)对应潮波共振条件,即河口长度刚好为 1/4 波长的整数倍(即 $L_e^*=j/4,j=1,2,\cdots$)。当 L_e^* 为 1/4 波长的偶数倍($L_e^*=2/4,4/4,\cdots$)时,对应波腹点,此时口门处潮波振幅最大;当 L_e^* 为 1/4 波长的奇数倍时($L_e^*=1/4,3/4\cdots$)对应波节点,此时口门处潮波振幅最小。河口 L_e^* 的细微改变可能使 δ_A 从负值突变为正值,而且口门振幅可能由于共振效应而明显增大。随着摩擦参数 χ 不断增大,潮波振幅衰减效应将增强(δ_A 减小),而河道辐聚效应的作用刚好相反。当河道辐聚效应增强时,反射波效应大幅减弱,此时潮汐动力与无限长河口的类驻波相似(Jay,1991;Friedrichs and Aubrey,1994;Savenije et al.,2008),即潮波不是因入射波和反射波叠加产生驻波,而是因流速与水位之间的相位差为 90° 而形成驻波且传播速度接近于无穷大。这种现象出现的主要原因在于强辐聚河口中,反射波的单宽能量刚好被入射波吸收,而底床摩擦效应加剧反射波的能损耗有利于类驻波的形成。

图 3.3(e) ~ (h)为波速参数 λ_A 的等值线图,其值越高,表明潮波传播速度越小($c=c_0/\lambda_A$)。在棱柱形河口中[图 3.3(a)、(e)中 $\gamma\approx0$],当底床摩擦较小时,由图可见 $\delta_A=0$ 大致对应 λ_A 的最大值和最小值。而且根据式(3.10)可知,此时 μ 达到最大值且刚好对应 $L_e^*=1/4$ 位置,即发生潮波共振,这将在 3.4 节中进行详细阐明。河道辐聚效应倾向于将河口动力系统调节至驻波状态,潮波传播速度接近无穷大($\lambda_A=0$)。图 3.3(e) ~ (h)中红色实线对应 $\lambda_A=1$,表明传播速度和无摩擦棱柱形河口中的传播速度相同。当底床摩擦 χ 较大时[图 3.3(d)、(h)],波速参数 λ_A 与 δ_A 的变化趋势几乎相同,此时 $\delta_A=0$ 基本对应 $\lambda_A=1$ 的位置,这表明该河口动力系统与无限长河口系统(反射波效应可忽略)相类似。

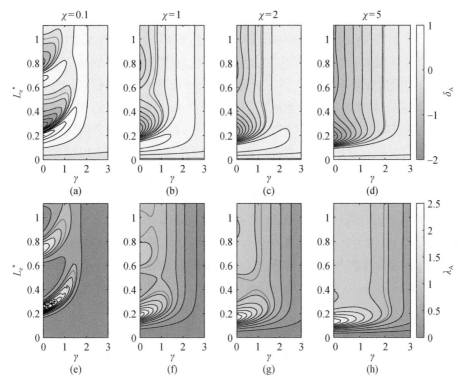

图 3.3　不同摩擦参数条件下潮波振幅梯度参数 δ_A 和波速参数 λ_A 随河口形状参数 γ 和
无量纲河口长度 L_e^* 的等值线变化

（a）、（e）$\chi=0.1$；（b）、（f）$\chi=1$；（c）、（g）$\chi=2$；（d）、（h）$\chi=5$；红线对应 $\delta_A=0$ 且 $\lambda_A=1$

　　值得注意的是，三个自变量参数 γ、χ 和 L_e^* 均为频率 ω 的函数，因此，图 3.3 不
仅显示了潮波振幅梯度参数和波速参数的变化，还表示特定位置对频率的响应。
Prandle 和 Rahman（1980）也给出类似的结果，但是他们定义潮波振幅梯度参数为
特定位置的潮波振幅相对某一参照点（如口门处）的振幅，而本章采用局部定义的
潮波振幅梯度参数 δ_A。

3.4　共振机理分析

3.4.1　响应函数

　　大多数共振机理研究主要是基于潮波振幅对位置 x 和潮波频率 ω 的响应，即

通过考察河口沿程某一点潮波振幅的最大和最小值来确定其对应的共振频率 ω（Garrett,1972;Ku et al.,1985;Godin,1988,1993;Webb,2012,2013,2014）。Garrett（1972）是最早探索河口共振机理的学者之一,他通过考察频率的响应函数及共振频率附近的能量耗散系数"Q"因子来确定 Fundy 湾的共振周期。基于该方法,Ku 等(1985)进一步发考虑 M_2 分潮的天文校正。Godin(1988,1993)在一维线性圣维南方程组的基础上,推导得出"Q"因子表达式为 $\omega h/r$,对应本章所定义的无量纲摩擦参数 $\hat{\chi}$ 的倒数($Q=1/\hat{\chi}$)。Webb(2012,2013,2014)进一步采用潮波频率的复变函数来推导解析解用于研究潮波共振机理。然而,这些基于"Q"因子确定共振周期的方法,要么所用的描述潮水位变化的响应函数过于简化(Garrett,1972;Ku et al.,1985),要么没有考虑河道辐聚的影响(Godin,1988,1993),要么需要数值结果作为输入(Webb,2012,2013,2014)。而本章所提出的解析模型,同时考虑河道辐聚效应(γ)、底床摩擦效应(χ)和距上游封闭端的距离 L_e^*,由于 γ、χ 和 L_e^* 均是潮波频率 ω 的函数,本章采用的潮波振幅梯度参数 δ_A 和流速振幅梯度参数 δ_V 可直接作为探讨潮波共振的响应函数。

首先,考虑河口沿程水深恒定的情况(即 $d\to\infty$,$a=b$),通过解方程组式(3.6)~式(3.9)、式(3.11)、式(3.12)可得到距离为 $L^*=L_e^*-x^*$ 的解析解。对于水深沿程变化的河口,可采用3.3节中介绍的分段法进行求解。

理想的共振现象在无摩擦条件下才能产生。以水位变化为例,波节点为潮波振幅为0(即 $\eta=0$)的位置,波腹点则为潮波振幅最大值的位置($\delta_A=0$),它们的位置分别定义为无量纲距离 L_{node}^{*A} 和 $L_{antinode}^{*A}$。类似的,若考虑流速变化,则相应的波节点和波腹点位置分别定义为 L_{node}^{*V}($v=0$)和 $L_{antinode}^{*V}$($\delta_V=0$)。波节点和波腹点在考虑摩擦条件下并没有准确的定义,理想的波节点($\eta=0,v=0$)并不存在,但虚拟的波节点可定义为振幅达到最小值的位置,而波腹点可定义为 $\delta_A=0$ 和 $\delta_V=0$,与潮波振幅或流速振幅的最大值相对应。

3.4.2 无摩擦条件下的共振机理

在解析中通过设置 $\chi=0$ 可得无摩擦条件下的解析解,由附录 D 可知,$\lambda_A=0$ 和 $\mu=\delta_A$,因此,潮波振幅的波腹点和流速振幅的波节点刚好重合(即 $L_{node}^{*V}=L_{antinode}^{*V}$)。无摩擦条件有临界收敛($\gamma\geq2$)和亚临界收敛($\gamma<2$)两种情况(Jay,1991;Savenije et al.,2008;Toffolon and Savenije,2011),相应的解析解推导可通过求解式(3.6)、式(3.8)、式(3.11)、式(3.12)得到(见附录 D)。结果表明波节点和波腹点位置的解

析解和前人结果一致,但本章提供的解析解首次考虑了河宽辐聚效应对共振机理的影响。图 3.4 为四种不同河口辐聚条件下潮波振幅及其梯度的变化情况。η 的局部最大值($\delta_A = 0$)定义为波腹点,而波节点定义为振幅为 0(即 $\eta = 0$)的位置,对应于 δ_A 正负转换(即垂直渐近线)的位置。

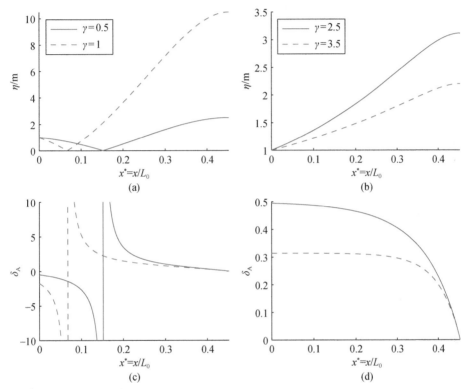

图 3.4　不同河口形状参数条件下无摩擦河口($\chi = 0$)亚临界收敛(a)、(c)和超临界收敛(b)、(d)的振幅 η(a)、(b)及梯度参数 δ_A(c)、(d)的沿程变化

解析模型中 $T = 12.42$ h、$L_e = 200$ km、$\eta_0 = 1$ m、$h_0 = 10$ m、$r_S = 1$

　　图 3.5 为第一个波节点和波腹点随河口形状参数 γ 的变化情况。在亚临界收敛范围内,随着河口形状参数 γ 增大(河道辐聚效应增强),第一个潮波振幅的波节点和波腹点(也是流速振幅的波节点)向海方向移动直到超过河口长度而消失[见图 3.5 中 $\gamma < 2$,同样现象可见图 3.4(a)、(c)]。只有第一个流速振幅的波腹点向陆方向移动。当 γ 趋于 2 时,L_{node}^{*A} 趋于无穷大(即图 3.5 中 $\gamma = 2$ 的情况)。图 3.5 结果表明无摩擦条件下共振长度为 1/4 潮波波长的奇数倍($L_{node}^{*A} \to 0.25$)的结论仅适合底床水平的棱柱形河口($\gamma = 2$)。

对于超临界收敛情况,潮波振幅既不存在波节点也不存在波腹点[图3.5,$\gamma>2$ 和图3.4(b)、(d)],仅在河口上游封闭端存在流速振幅的波节点,即 $L_{\text{node}}^{*\text{V}}=0$。在强辐聚河口中,流速振幅的波腹点位置 $L_{\text{antinode}}^{*\text{V}}$ 随着 γ 增大而减少,因此,流速振幅的最大值更接近河口上游封闭端。在超临界收敛情况下的解析解表明,潮波振幅增大率随着辐聚效应的增强反而减少[图3.4(d)],这和 Cai 等(2012b)在无限长河口中得到的结论一致。

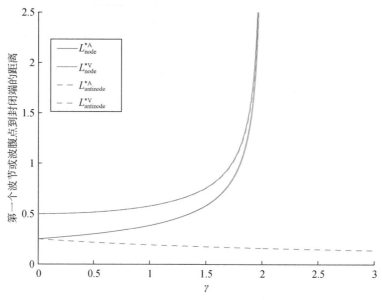

图3.5　无摩擦条件下第一个节点或腹点的距离随河口形状参数 γ 的变化

图3.6 为无摩擦河口第一个潮波振幅波节点在不同周期条件下随河宽和水深辐聚长度变化的等值线图。对于棱柱形河口($b\to\infty$),不同周期条件下 $L_{\text{node}}^{\text{A}}$ 逐渐接近于1/4 波长(即 $L_0/4$)。随着河宽辐聚长度 b 减少(γ 增大),$L_{\text{node}}^{\text{A}}$ 趋向于无穷大,不存在共振现象。这种情况与河口形状参数 γ 趋于 2 相对应(即无摩擦条件下的临界收敛值)。由此可知,共振现象仅在河口辐聚效应不是很强的情况下才会发生,这是因为河宽向海方向快速增大,反射波则会快速损耗能量。另外,$L_{\text{node}}^{\text{A}}$ 在一定河宽辐聚长度 b 值内可发生较大变化,即由接近恒定值转为线性上升(见图3.6 等值线的拐弯处)。

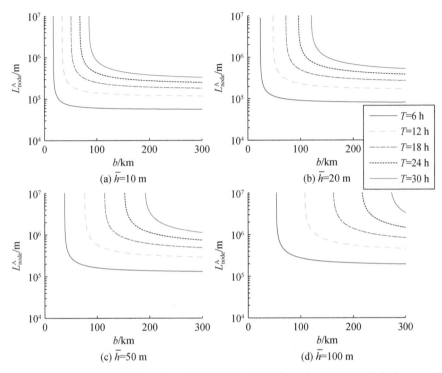

图 3.6　不同水深条件下第一个潮波振幅波节点位置 L_{node}^{A} 随河宽辐聚长度 b
和潮周期 T 的等值线变化

3.4.3　底床摩擦影响下的共振机理

当底床摩擦不可忽略时 $(\chi>0)$，无法直接得到波节点和波腹点位置的解析解，因此需要通过迭代算法求得相应的解。通过改变河口长度 L_e^* 并确定相应的口门处振幅最小值 η，估算第一个虚拟潮波振幅波节点距上游封闭端的距离。图 3.7 为 L_{node}^{*A} 随河口形状参数 γ 和摩擦参数 χ 的等值线变化。由图 3.7 可知，底床摩擦增大导致第一个虚拟波节点位置距上游封闭端的距离 L_{node}^{*A} 减小，而河道辐聚效应则相反。由于共振周期 $T_r = L_e/(c_o L_{node}^{*A})$ 和 L_{node}^{*A} 成反比，底床摩擦导致河口共振周期增大，而河道辐聚则使其下降。如图 3.7 所示，图中红色实线为 1/4 波长情况 $(L_{node}^{*A} = 0.25)$，与无摩擦条件下棱柱形河口 $(\gamma = 0,\chi = 0)$ 共振周期 $T_r = 4L_e/c_o$ 相对应。若河道辐聚效应大于底床摩擦效应，共振周期则小于 T_{r0}（在图 3.7 红色实线之下);反之,若底床摩擦效应强于河道辐聚效应,则共振周期则大于 T_{r0}(在图 3.7 红色实线之上);若两者相平衡,则共振周期为 T_{r0}(即图 3.7 红色实线)。

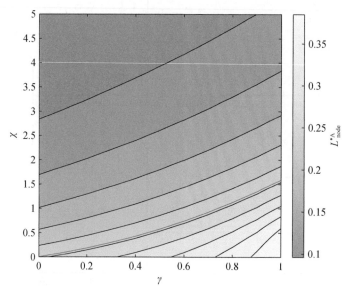

图 3.7　通过改变河口长度 L_e^* 得到 γ-χ 平面内第一个虚拟潮波振幅波节点到上游封闭端的

距离 $L_{\mathrm{node}}^{*\mathrm{A}}$ 等值线图

红色实线表示 1/4 波长($L_{\mathrm{node}}^{*\mathrm{A}}=0.25$),为无摩擦棱柱形河口的理论解

3.5　解析模型在 Bristol 海峡和 Guadalquivir 河口的应用

3.5.1　解析模型的应用

将 3.3 节中提出的解析模型应用于英国的 Bristol 海峡和西班牙的 Guadalquivir 河口,模型所用的地形概化参数和实测潮位资料分别由 Robinson(1980)和 Diez-Minguito 等(2012)提供。Bristol 海峡是英国典型的半封闭潮优型河口,潮差较大,采用线性解析模型模拟具有一定的挑战,因此,引起众多学者的关注(如 Taylor,1921;Rainey,2009;Liang et al.,2014)。Guadalquivir 河口位于西班牙的西南部,该河口对西班牙社会经济和生态环境具有重要影响。受强人类活动干预(如航道疏

浚和上游水库建设),其河口地形(包括河宽和水深)发生明显变化,对潮汐动力时空演变产生巨大影响。然而,只有少数学者探究了 Guadalquivir 河口的潮汐动力演变过程和异变机制(如 Garcia-Lafuente et al.,2012;Diez-Minguito et al.,2012;Wang et al.,2014)。

选择研究的这两个河口在河宽辐聚程度方面极为相似,但其潮波共振效应却明显不同。河口概化形状参数如表 3.3 所示。由表 3.3 可知,两个河口的河宽辐聚长度 b 基本相同,但由于 Bristol 河口沿程水深辐聚收缩,导致其断面横截面积辐聚程度 (1.5<γ<3.5) 明显大于 Guadalquivir 河口(0.7<γ<0.9)。两个河口之间潮汐动力时空演变的对比可用于探究河道地形对共振效应的影响。两个河口潮汐的主要天文分潮均为 M_2 半日分潮(周期为 12.42 h),S_2(周期为 12 h)为次要半日分潮。

图 3.8 为 M_2、S_2 分潮潮波振幅和水位相位实测值和解析值的对比。由图 3.8 可知,M_2 分潮的拟合效果较好,而 S_2 分潮则需要通过引入摩擦校正因子 f 才能正确反演其变化,即在式(3.5)中需要引入 f 用于校正主要分潮 M_2 与次要分潮 S_2 之间的非线性相互作用:

$$r_{new} = fr = \frac{8}{3\pi} \frac{gv}{(k/\sqrt{f})^2 \, \bar{h}^{4/3}} \tag{3.13}$$

在线性解析模型中,由于线性摩擦系数 r 中的流速振幅主要由主要分潮引起(如 Pingree,1983;Fang,1987;Inoue and Garrett,2007;Cai et al.,2015),因此,当考虑多个分潮同时驱动时,不同分潮的有效摩擦系数 r 会有所不同。

理论上不同分潮之间的非线性相互作用对潮波传播的影响可以通过采用不同的曼宁摩擦系数的倒数 K 来校正。解析模型的率定参数 r_S、K 和 f 的取值如表 3.3 所示。由表 3.3 可知,Bristol 河口摩擦校正因子 f 为 3,用于重构次要分潮 S_2 潮汐动力的时空演变,而 Guadalquivir 河口中 f 为 5。f 通常比 1 大,且会随着主要和次要天文分潮流速振幅的比值增大而增大。

表 3.3　河口的地形特征参数和解析模型的率定参数

河口	口门	a /km	b /km	d /km	$\bar{B}_0$ /m	$\bar{h}_0$ /m	L_e /km	K /(m$^{1/3}$/s)	f	r_S
Bristol 海峡	Ilfracombe	33.7	67	68	45110	33.1	129	54	3	1.2~1*
Guadalquivir 河口	Bonanza 港口	60.3	65.5	760	795	7.1	103	46	5	1.5~1

*1.2~1 表示边滩系数 r_S 从口门至上游封闭端(0~129 km)线性减小。

Diez-Minguito 等(2012)采用经典调和分析方法对 Guadalquivir 河口不同频率分潮的潮波传播进行深入研究,而本章仅重点关注主要半日分潮(即 M_2 和 S_2),采用解析模型重构其潮波传播特征值的沿程变化。对于其他天文分潮的潮波传播特征,读者可参考 Diez-Minguito 等(2012)的研究成果。

图 3.8 中还给出一维数值模型的计算结果(见 Toffolon et al.,2006),模型使用与解析模型相同的摩擦系数。次要天文分潮 S_2 的摩擦系数校正因子可直接从式(3.13)计算,其表达为 $K/\sqrt{f}$。由图 3.8 可见解析模型计算结果基本和数值结果一致,但在 Bristol 河口,靠近上游边界的 M_2 计算结果和数值结果之间存在较大差异,这可能是因为河口上游水位的调和分析有较大误差。

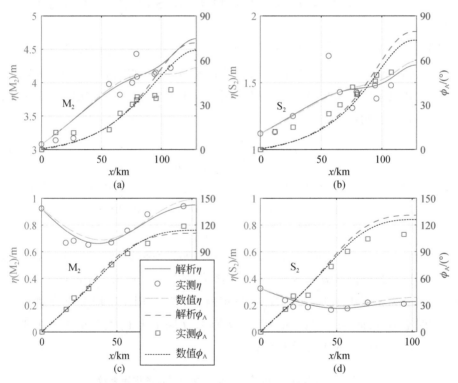

图 3.8 Bristol 河口(a)、(b)和 Guadalquivir 河口(c)、(d)中 M_2(a)、(c)和 S_2 分潮(b)、(d)振幅与相位的实测值与解析、数值模型结果的对比

图 3.9 为采用解析模型计算得到的两个河口 M_2 和 S_2 分潮的潮波振幅反射系数 Ψ_A 及流速振幅反射系数 Ψ_V(定义见附录 C)的沿程变化。由图 3.9 可知,河口封闭端反射系数均达到最大值,且两个河口中的流速振幅反射效应均强于潮波振

幅反射效应($\Psi_V > \Psi_A$)。然而,在 Guadalquivir 河口中,两个反射系数均沿程增大,而在 Bristol 河口中流速振幅呈现先增大后减小的变化趋势。

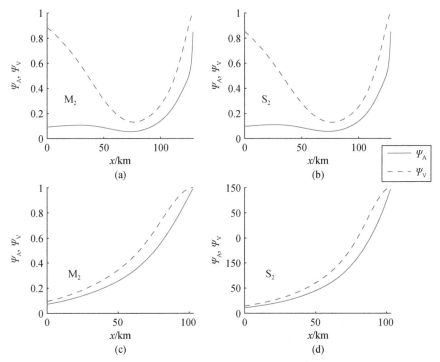

图 3.9　Bristol 海峡(a)、(b)和 Guadalquivir 河口(c)、(d)中 M_2(a)、(c)和 S_2(b)、
(d)分潮反射系数 Ψ_A 和 Ψ_V 的沿程变化

Diez-Minguito 等(2012)采用基于最小二乘法的线性分析方法提取不同天文分潮的反射系数,但该方法假设底床摩擦和河道辐聚效应均可忽略。从图 3.9(c)、(d)可知,在靠近大坝附近($x=88$ km,距离上游封闭端 15 km),半日分潮(M_2 和 S_2)的反射系数约为 0.7,这要明显大于 Diez-Minguito 等(2012)的计算值(0.4)。两者出现差异的主要原因在于:一方面,Diez-Minguito 等(2012)采用的弥散方程(即频率和波数之间的关系)仅适用于无限长河口的潮波情况,而本章通过分段法可计算沿程每个位置的波数且沿程波数变化较大;另一方面,对于距离上游封闭段 70 km(即 $x=47$ km)处,Diez-Minguito 等(2012)计算的反射系数和本章的解析结果相近(两种情况均约等于 0.25),表明距离上游边界越远弥散关系越显著。因此,本章提出的潮波传播解析模型可用于深入探究 Guadalquivir 河口的潮波反射效应。

3.5.2　潮波共振分析

　　底床摩擦和河道辐聚效应同时存在的条件下,探究河口的潮波共振机理具有重要意义。本章提出的解析模型不仅计算效率高,能够考虑不同控制参数的影响,而且能考虑不同天文分潮之间的相互作用。因此,可作为数值模型的一种重要补充,且能够分离入射波和反射波对河口潮波传播的影响。

　　本章定义潮波共振为河口上游封闭端的潮波振幅达到最大值。图 3. 10 和图 3. 11 为 Bristol 和 Guadalquivir 河口主要潮波特征参数(包括潮波振幅 η、流速和水位之间的相位差 ϕ、入射波振幅 η_I 和反射波振幅 η_R)随潮波周期 $T(1 \sim 40 \text{ h}, 0. 5 \text{ h}$ 为一间隔)的变化。其中,解析模型假设口门处的潮波振幅不变。

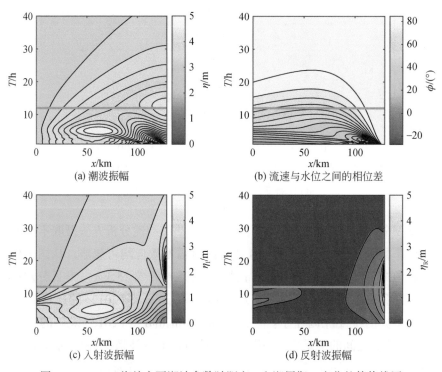

(a) 潮波振幅　　　　　　　　　　　(b) 流速与水位之间的相位差

(c) 入射波振幅　　　　　　　　　　(d) 反射波振幅

图 3. 10　Bristol 海峡主要潮波参数随距离 x 和潮周期 T 变化的等值线图

　　在 Bristol 河口中,当周期 T 接近 12 h[即共振周期,见图 3. 10(a)]时,河口封闭端的潮波振幅达到最大值,共振接近半日分潮周期。图 3. 10(b)为流速与水位之间的相位差随周期的沿程变化情况。对应共振周期,相位差沿程先减小至最小值($63°,x=58\ \mathrm{km}$),之后沿程逐渐增大至 $90°$(封闭端)。入射波和反射波的潮波振幅如图 3.10(c)和 3.10(d)所示。对应共振周期,入射波的振幅沿程先增大至最大值[$x=68\ \mathrm{km}$,图 3.10(c)]随后逐渐减小,振幅增大的原因主要是地形辐聚效应强于底床摩擦效应。对于反射波,由图 3.10(d)可见其振幅从封闭端至口门由于河道辐散和底床摩擦效应逐渐减小。此外,由图 3.10(c)、(d)可知,当周期 $T=$ 17 h 时入射波振幅在河口封闭端达到最大值,而反射波达到最大值的周期为 16.5 h,这与 12 h 的共振周期有所不同,主要是由入射波和反射波的相位不同所致。

　　图 3.11 为 Guadalquivir 河口潮波特征参数的等值线图。由图 3.11 可知其共振周期为 35 h(此时河口上游封闭端的潮波振幅最大),既不接近半日潮周期也不接近全日潮周期[图 3.11(a)]。在半日潮周期时,潮波振幅沿程先是减小至最小值($x=50\ \mathrm{km}$),随后沿河口逐渐增大。而在半日潮周期和全日潮周期时,流速与水位之间的相位差均沿程逐渐增大至 $90°$[图 3.11(b)]。入射波和反射波均对实际潮波振幅的沿程变化有明显影响[图 3.11(c)、(d)]。对应共振周期,入射波振幅

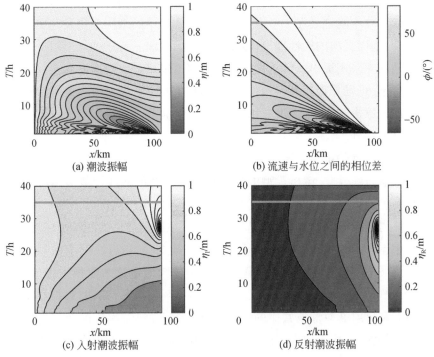

(a) 潮波振幅　　　　　　　　　　(b) 流速与水位之间的相位差

(c) 入射潮波振幅　　　　　　　　　(d) 反射潮波振幅

图 3.11　Guadalquivir 河口主要潮波参数随距离 x 和潮周期 T 变化的等值线图

灰色实线对应河口的共振周期(即 35 h)

沿程逐渐增大,而反射波振幅从上游封闭端往口中门逐渐减小。但在半日潮周期,
入射波振幅却是沿程逐渐减小。由于河口形状参数 γ 和摩擦参数 χ 均与潮波周期
成正比(表 3.1),这种现象主要与河道辐聚(γ)和摩擦摩擦(χ)的相对强弱有关。
反射波振幅的沿程变化与 Bristol 河口相似,即沿向海方向逐渐减小。

3.6　小　　结

　　本章采用 Toffolon 和 Savenije(2011)提出的一维水动力线性解析解探究河口
断面横截面积辐聚收缩的半封闭河口的潮波共振机理,重新改写河口主要潮波变
量(如流速振幅、衰减/增大率和相位差)的解析方程,进而提出潮波传播的统一理
论框架,用于探讨潮波传播过程及反射波的影响,该框架的三个自变量参数分别为
河口形状参数 γ、摩擦参数 χ(分别代表横截面辐聚及底床摩擦效应)及距河口封闭
端的距离。解析模型采用分段法,将整个河口细分为多个河段,通过求解满足河段
间水位和流量连续性条件的方程组来得到解析解。本章的解析模型与经典潮波动
力学理论的主要不同之处在于考虑了动量守恒方程中的水深变化及其引起的摩擦
项的沿程变化,而经典的线性理论(如 Prandle and Rahman,1980)采用一个恒定的
有效摩擦系数。采用提出的解析模型探讨了河道辐聚效应对潮波共振的影响。在
无摩擦条件下,可推导得到共振条件下水位和流速的波节点和波腹点位置的解析
解。但考虑摩擦影响下,由于没有相应的解析解,波节点和波腹点的位置只能通过
数值方法计算得到。

　　由于解析模型的推导需要对地形和动力边界条件进行适当概化,以及对一维
圣维南方程进行线性化,解析模型的计算精度和完全的非线性数值模型还是有所
差异。尽管如此,解析模型和数值模型相比仍有一些突出的优点。第一,解析解能
够直接计算得到潮波振幅、振幅梯度和相位差等主要潮波传播的特征值,而数值模
型则需要根据得到的水位和流速场重新计算。第二,解析方法用于探讨大范围控
制参数对潮波传播的影响,而数值模型需要通过大量运算才能得出相应的结论。
第三,该方法可初步探讨不同分潮之间的非线性相互作用。第四,解析模型可定量
分析入射波和反射波对潮波共振的影响机制。综上所述,解析模型作为数值模型
的一个重要补充,可用于初步探讨潮波传播的基本概况,为合理设计数值计算方案
提供理论依据。

　　解析模型成功应用于 Bristol 和 Guadalquivir 两个河口,用于反演主要分潮 M_2
和次要分潮 S_2 的潮波传播过程。解析模型需要额外引入一个线性摩擦项的修正因

子才能正确反演次要分潮的传播过程。计算结果表明,Bristol 河口的共振周期约为 12 h,而 Guadalquivir 河口为 35 h。

　　本章提出了半封闭河口潮波传播的解析理论框架,其中主要潮波传播特征变量之间的关系可用 6 个隐式方程来描述,如表 3.2 所示。采用该解析方法可探究外部动力和地形边界条件(如口门振幅、河口地形和底床摩擦等)对潮波共振的影响机制,对研究潮差较大的潮优型河口具有重要的理论意义。

第 4 章　潮优型河口主要天文分潮与次要分潮之间的非线性作用机制

4.1　引　　言

潮波传播过程中的主要天文分潮与次要分潮之间的非线性作用机制是河口潮波研究的重要科学问题。经典的河口潮波传播解析解是通过解一维圣维南方程组得到,仅考虑单一主要分潮(如 M_2 分潮)的传播过程。因此,其他天文分潮(如 N_2、S_2、K_1、O_1)与主要分潮之间的非线性相互作用及其产生的潮流不对称作用仍是尚待深入的基础前沿科学问题。当不同天文分潮沿河口向上游传播时,由于动量守恒方程中非线性摩擦项的影响,特别是受摩擦项中二次流速项的影响,主要分潮和次要分潮的有效摩擦将增加。通过切比雪夫多项式线性分解二次流速项,假设流速可由不同分潮的流速线性叠加,可得不同分潮同时传播时所受的有效摩擦解析表达式。基于单一天文分潮的潮波传播解析解,在解析模型中通过修正不同分潮的线性摩擦项,采用迭代计算方法可反演不同天文分潮之间的非线性相互作用过程及机制。

为研究不同天文分潮的非线性相互作用,通常对一维动量守恒方程中的二次流速项 $u|u|$(u 为断面平均流速)进行多阶级数展开,如傅里叶级数展开(Dronkers,1964;Pingree,1983;Inoue and Garrett,2007;方国洪,1980,1981)。部分学者认为,假如潮波仅由一个主要分潮和一个次要分潮构成,且次要分潮的流速振幅远小于主要分潮,那么次要分潮所受的有效摩擦要比主要分潮大 50%(Heaps,1978;Prandle,1997)。随后,不同学者不断提高分潮有效摩擦解析表达式的准确性,并允许同时考虑多个分潮的非线性相互作用(Pingree,1983;Inoue and Garrett,2007;Fang,1987;陈宗镛和路季平,1988)。Pingree(1983)通过傅里叶方法探究了 M_2 和 S_2 分潮之间的非线性相互作用,推导出主要分潮 M_2 的二阶有效摩擦系数和次要分潮 S_2 的四阶有效摩擦系数。另一些学者采用二次流速项 $u|u|$ 的奇函数特性,采用切比雪夫多项式分解方法将 $u|u|$ 分解为包含 2 个或 3 个项的表达式,如 $\alpha u+$

βu^3 或者 $\alpha u + \beta u^3 + \xi u^5$,其中 α、β 和 ξ 均是数值常数(Doodson,1924;Dronkers,1964;Godin,1991,1999)。线性项 αu 代表不同分潮的线性叠加,而不同分潮的非线性相互作用主要通过三阶项 βu^3 和五阶项 ξu^5 来表示。

本章的研究目的在于揭示不同天文分潮之间的非线性相互作用机制,其关键在于如何处理非线性摩擦项中的二次流速项。模型应用于葡萄牙 Guadiana 和西班牙 Guadalquivir 两个典型的潮优型河口,用于反演主要天文分潮的传播过程及其机制,同时探讨主要天文分潮 M_2 和其他天文分潮(如 S_2,N_2,O_1,K_1)之间的非线性相互作用。

4.2　潮波传播解析模型

假设半封闭河口由频率为 $\omega = 2\pi/T$(其中 T 为分潮周期)的主要天文分潮驱动,当潮波在河口中传播时,描述潮波传播的物理量包括:水位传播速度 c_A、流速传播速度 c_V、潮波振幅 η、流速振幅 v、水位相位 ϕ_A、流速相位 ϕ_V 和河口长度 L_e。

半封闭型河口的几何形态如图 3.1 所示,图中 x 为以口门为坐标原点沿河流方向的距离,向陆方向为正方向,z 为自由水面高程。假设河口潮平均断面横截面积 $\bar{A}$ 和河宽 $\bar{B}$ 的沿程变化可用指数函数描述,表达式分别为

$$\bar{A} = \bar{A}_0 \exp(-x/a) \tag{4.1}$$

$$\bar{B} = \bar{B}_0 \exp(-x/b) \tag{4.2}$$

式中,$\bar{A}_0$ 和 $\bar{B}_0$ 分别为口门处($x=0$)断面横截面积和河宽;a 和 b 分别为断面横截面积和河宽的辐聚长度。假设河道横截面为矩形,则潮平均水深 $\bar{h}$ 可通过断面横截面积和河宽来计算:$\bar{h} = \bar{A}/\bar{B}$。河口边滩或潮滩的影响可通过边滩系数:$r_S = B_S/\bar{B}$ 来量化,其中 B_S 为满槽河宽,$\bar{B}$ 为潮平均河宽。

基于上述河口概化地形,一维质量守恒方程可表示为

$$r_S \frac{\partial h}{\partial t} + u \frac{\partial h}{\partial x} + h \frac{\partial u}{\partial x} + \frac{hu}{\bar{B}} \frac{d\bar{B}}{dx} = 0 \tag{4.3}$$

式中,t 为时间;h 为水深。假设密度梯度可忽略,则一维动量守恒方程为

$$\frac{\partial u}{\partial t} + u \frac{\partial u}{\partial x} + g \frac{\partial z}{\partial x} + \frac{gu|u|}{K^2 h^{4/3}} = 0 \tag{4.4}$$

式中,g 为重力加速度;K 为曼宁摩擦系数的倒数。

忽略流量影响且假设潮波振幅与水深之比为小量,采用 Toffolon 和 Savenije (2011)的方法求一维圣维南方程组式(4.3)、式(4.4)的线性解,但保留不同分潮之间的非线性相互作用,得到线性化后的动量守恒方程:

$$\frac{\partial u}{\partial t}+g\frac{\partial z}{\partial x}+\kappa u|u|=0 \tag{4.5}$$

式中,摩擦项包含两个非线性因子,即二次流速项 $u|u|$ 和水深变化项。式中摩擦系数的表达式为

$$\kappa=\frac{g}{K^2\ \bar{h}^{4/3}} \tag{4.6}$$

Toffolon 和 Savenije(2011)的研究表明,半封闭河口的潮汐动力主要受河口形状和外部动力等无量纲参数的影响(潮波传播的解析解可参考附录 C),这些参数的定义如表 4.1 所示。

表 4.1　无量纲参数

自变量	因变量
	潮波振幅 $\zeta=\eta/\bar{h}$
	摩擦参数 $\chi=r_S c_0\zeta g/(K^2\omega\bar{h}^{4/3})$
潮波振幅 $\zeta_0=\eta_0/\bar{h}_0$	流速振幅参数 $\mu=v/(r_S\zeta c_0)=v\bar{h}/(r_S\eta c_0)$
摩擦参数 $\chi_0=r_S c_0\zeta_0 g/(K^2\omega\bar{h}_0^{4/3})$	水位振幅梯度参数 $\delta_A=c_0 d\eta/(\eta\omega dx)$
形状参数 $\gamma=c_0/(\omega a)$	流速振幅梯度参数 $\delta_V=c_0 dv/(v\omega dx)$
长度 $L_e^*=L_e/L_0$	水位波速参数 $\lambda_A=c_0/c_A$
	流速波速参数 $\lambda_V=c_0/c_V$
	流速与水位之间的相位差 $\phi=\phi_V-\phi_A$

自变量无量纲参数包括:ζ_0 为无量纲潮波振幅(下标 0 表示口门边界条件);γ 为河口形状参数(代表断面横截面积的辐聚程度);χ_0 为摩擦参数(代表底床摩擦作用);L_e^* 为河口无量纲长度。表 4.1 中,η_0 为口门处潮波振幅,$c_0=\sqrt{g\bar{h}/r_S}$ 为无摩擦棱柱形河口潮波传播速度,$L_0=c_0/\omega$ 为河口特征潮波波长,是无摩擦棱柱形河口潮波波长的 2π 倍。

主要因变量无量纲参数包括:ζ 为潮波振幅与水深的比值;χ 为摩擦参数;μ 为流速振幅参数(即实际流速振幅与无摩擦棱柱形河口流速振幅的比值);λ_A 和 λ_V

分别为水位波速和流速波速(即无摩擦棱柱形河口潮波传播速度和实际传播速度的比值);δ_A 和 δ_V 分别为水位和波速的衰减/增大参数(δ_A 或 $\delta_V>0$ 表示河口潮波振幅沿程增大,反之,δ_A 或 $\delta_V<0$ 表示潮波振幅沿程衰减);$\phi=\phi_V-\phi_A$ 表示流速与水位之间的相位差。

4.3　不同分潮之间非线性相互作用的概化模型

4.3.1　切比雪夫多项式分解方法线性化二次流速项 $u|u|$

二次流速项 $u|u|$ 可用以下切比雪夫多项式进行展开(Godin,1991,1999):

$$u|u|=\hat{v}^2\left[\alpha\left(\frac{u}{\hat{v}}\right)+\beta\left(\frac{u}{\hat{v}}\right)^3\right] \qquad (4.7)$$

式中,$\hat{v}$ 为不同天文分潮的流速振幅之和;$\alpha=16/(15\pi)$ 和 $\beta=32/(15\pi)$ 为切比雪夫多项式数值常数(Godin,1991,1999)。该方法与傅里叶展开方法的不同之处在于,切比雪夫系数 α 和 β 随着展开的项数而变化。Godin(1991)的研究表明两项近似[如式(4.7)]展开已能够较为准确地近似二次流速项。

仅考虑单一天文分潮,断面平均流速为

$$u=v_1\cos(\omega_1 t) \qquad (4.8)$$

式中,v_1 为流速振幅;ω_1 为分潮的频率,将式(4.7)代入式(4.8)可得

$$u|u|\cong v_1^2\left[\frac{8}{3\pi}\cos(\omega_1 t)+\frac{8}{15\pi}\cos(3\omega_1 t)\right] \qquad (4.9)$$

提取与单一天文分潮相同的频率,可得

$$u|u|\cong\frac{8}{3\pi}v_1^2\cos(\omega_1 t) \qquad (4.10)$$

式(4.10)与洛伦兹线性化摩擦项(Lorentz,1926)或者二次流速项 $u|u|$ 的傅里叶展开结果完全一致(Proudman,1953)。

若考虑一个主要大文分潮和一个次要大文分潮,则断面半均流速为

$$u=v_1\cos(\omega_1 t)+v_2\cos(\omega_2 t)=\hat{v}\left[\varepsilon_1\cos(\omega_1 t)+\varepsilon_2\cos(\omega_2 t)\right] \qquad (4.11)$$

式中,v_2 和 ω_2 分别为次要分潮的振幅和频率;$\varepsilon_1=v_1/\hat{v}$,$\varepsilon_2=v_2/\hat{v}$ 分别为各个分潮的振幅和最大可能流速之比,其中 $\hat{v}=v_1+v_2$。通过口门处的相位调整,两个分潮之间的相位差可忽略不计(Inoue and Garrett,2007)。因此,两个天文分潮驱动条件下二

次流速项 $u|u|$ 的切比雪夫多项式分解为（Godin, 1999）：

$$u|u| \cong \frac{8}{3\pi}\hat{v}^2 \left[F_1\varepsilon_1 \cos(\omega_1 t) + F_2\varepsilon_2 \cos(\omega_2 t) \right] \tag{4.12}$$

其中，

$$F_1 = \frac{3\pi}{8}\left[\alpha + \beta\left(\frac{3}{4}\varepsilon_1^2 + \frac{3}{2}\varepsilon_2^2\right)\right] = \frac{1}{5}\left(2 + 3\varepsilon_1^2 + 6\varepsilon_2^2\right) = \frac{1}{5}\left(8 + 9\varepsilon_1^2 - 12\varepsilon_1\right) \tag{4.13}$$

$$F_2 = \frac{3\pi}{8}\left[\alpha + \beta\left(\frac{3}{4}\varepsilon_2^2 + \frac{3}{2}\varepsilon_1^2\right)\right] = \frac{1}{5}\left(2 + 3\varepsilon_2^2 + 6\varepsilon_1^2\right) = \frac{1}{5}\left(5 + 9\varepsilon_1^2 - 6\varepsilon_1\right) \tag{4.14}$$

式中，F_1 和 F_2 分别为不同天文分潮非线性作用下的有效摩擦系数。式（4.13）和式（4.14）中最后两项相等是由于 $\varepsilon_1 + \varepsilon_2 = 1$。

图 4.1 为采用线性化式（4.7）和式（4.12）计算得到两个分潮驱动条件下（$\varepsilon_1 = 3/4$, $\varepsilon_2 = 1/4$）的二次流速项与实际值的对比。由图 4.2 可知，切比雪夫多项式 [式（4.7）] 能够很好地拟合非线性二次流速项，而仅保留原始频率为 ω_1 和 ω_2 的切比雪夫多项式 [式（4.12）]，也能较好地拟合非线性二次流速项的一阶变化（即主要变化）。

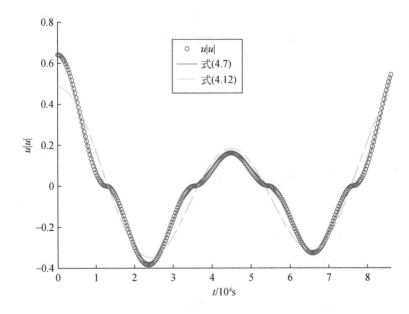

图 4.1 通过切比雪夫多项式方法得到两个天文分潮（即 M_2 和 K_1）条件下二次流速项的近似值
假设 $u = 0.6\cos(\omega_1 t) + 0.2\cos(\omega_2 t)$，$\omega_1$ 和 ω_2 分别为 M_2 和 K_1 的频率

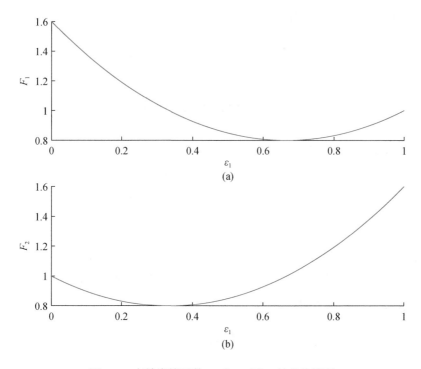

图 4.2 有效摩擦系数 F_1 和 F_2 随 ε_1 的变化情况

由式(4.13)、式(4.14)可知,当次要分潮流速振幅远小于主要分潮时(即 $\varepsilon_2 \ll 1$, $\varepsilon_1 \simeq 1$),$F_1 \simeq 1$,$F_2 \simeq 1.6$,表明次要分潮的实际有效摩擦系数比主要分潮的大 60% 。图 4.2 为两种天文分潮驱动条件下有效摩擦系数 F_1 和 F_2 随 ε_1 的变化。由于 $\varepsilon_1 + \varepsilon_2 = 1$,$F_1$ 和 F_2 呈对称式变化。当主要分潮的流速振幅为次要分潮的两倍时,有效摩擦系数 F_1 在 $\varepsilon_1 = 2/3$ 时达到最小值。

上述方法可进一步扩展至天文分潮数为 n 的情况(如 K_1、O_1、M_2、S_2 和 N_2),此时断面平均流速为

$$u = \sum_{i-1}^{n} v_1 \cos(\omega_i t) = \hat{v} \sum_{i=1}^{n} \varepsilon_i \cos(\omega_i t) \qquad (4.15)$$

式中,i 为第 i 个天文分潮。提取与原始天文分潮相同频率的项,二次流速项可近似为

$$u|u| \cong \frac{8}{3\pi} \hat{v}^2 \sum_{i=1}^{n} F_i \varepsilon_i \cos(\omega_i t) \qquad (4.16)$$

式中,第 j 个天文分潮的有效摩擦系数 F_j 表达式为

$$F_j = \frac{3\pi}{8}\left\{\alpha + \beta\left[\sum_{i=1,i\neq j}^{n}\frac{3}{2}\varepsilon_i^2 - \frac{3}{4}\varepsilon_j^2\right]\right\} = \frac{1}{5}\left(2 + 3\varepsilon_j^2 + \sum_{i=1,i\neq j}^{n}6\varepsilon_i^2\right) \quad (4.17)$$

附录 E 中提供了三个天文分潮驱动条件下的有效摩擦系数。

4.3.2　动量守恒方程中的有效摩擦系数

当只考虑一个天文分潮 $u = v_1\cos(\omega_1 t)$ 时,通常采用洛伦兹线性化二次流速公式[式(4.10)],因此,动量守恒方程中的非线性摩擦项为

$$\kappa u |u| = \left(\kappa\frac{8}{3\pi}v_1\right)u = ru \quad (4.18)$$

仅考虑两个分潮驱动的情况下,假设潮流由一个主要天文分潮(如流速为 u_1 的 M_2 分潮)和一个次要天文分潮(如流速为 u_2 的 S_2 分潮)组成,即 $u = u_1 + u_2$,在此情况下,式(4.5)和 $u|u|$ 的切比雪夫多项式联合可得

$$\frac{\partial u_1}{\partial t} + \frac{\partial u_2}{\partial t} + g\frac{\partial z_1}{\partial x} + g\frac{\partial z_2}{\partial x} + \kappa\frac{8}{3\pi}\hat{v}(F_1 u_1 + F_2 u_2) = 0 \quad (4.19)$$

式中,z_1 和 z_2 分别为主要分潮和次要分潮的自由水面高程。分别提取式(4.19)中每个分潮对应的项,可分别求每个分潮的理论解。然而,由于分潮间的非线性相互作用,每个分潮的有效摩擦和单独考虑一个分潮的有效摩擦,即式(4.18),是不同的。

当引入第 i 个分潮时,线性化动量守恒方程的通式为

$$\frac{\partial u_i}{\partial t} + g\frac{\partial z_i}{\partial x} + f_i r_i u_i = 0 \quad (4.20)$$

式中,

$$r_i = \kappa\frac{8}{3\pi}v_i \quad (4.21)$$

而有效摩擦系数的校正因子为

$$f_i = \frac{F_i}{\varepsilon_i} \quad (4.22)$$

由式(4.22)可知,若次要分潮 ε_i 较小,则 f_i 值通常较大。

4.4 多分潮驱动条件下的潮波传播解析模型

4.4.1 考虑摩擦校正因子的潮波传播解析模型

如果存在多个天文分潮,则单一分潮的传播过程会受到其他分潮的影响。正如概化模型所示,如果考虑其他次要分潮和主要分潮一样单独传播,它们之间的相互影响可通过摩擦因子f_n[式(4.22)]进行校正,则不同天文分潮的无量纲摩擦参数χ_n修正为

$$\chi_n = f_n \chi \tag{4.23}$$

式中,χ为仅考虑单个天文分潮时的摩擦参数(表4.1)。

式(4.23)中的摩擦修正参数χ_n包含曼宁摩擦系数的倒数K。在很多其他应用中,对每个分潮的K值或f_n值分别进行率定(Cai et al.,2015,2016a)。而本章所提的解析方法能够避免人为单独调整每个分潮的K值,仅需要率定一个统一的K值,且这个值主要取决于底部粗糙度,就能够反演不同分潮的潮波传播过程。

4.4.2 反演不同分潮传播过程的步骤

图4.3为考虑不同分潮非线性相互作用条件下的潮波传播解析模型的迭代计算流程。首先,假定不同天文分潮的摩擦校正因子$f_i=1$,通过单一分潮的潮波传播解析模型可计算各个分潮所对应的流速振幅υ_i和相对应的$\hat{\upsilon}$和ε_i;考虑不同天文分潮之间的非线性摩擦作用后,采用式(4.17)和式(4.22)计算得到校正后的f_i;随后,采用更新的f_i,将其代入潮波传播解析模型计算得到不同分潮的流速振幅υ_i;重复上述过程直至模型的计算结果收敛。上述计算过程和以往学者分别率定不同分潮的不同之处是,通过式(4.22)引入不同分潮之间的非线性相互作用,仅使用一个统一的曼宁摩擦系数的倒数K,而不是多个,符合实际的潮波传播过程。

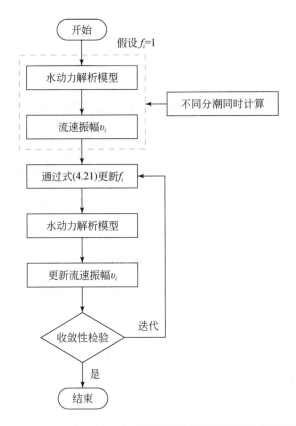

图 4.3　河口中不同天文分潮的潮波传播特征值计算过程

4.5　解析模型在 Guadiana 和 Guadalquivir 河口的应用

4.5.1　研究区域概况

Guadiana 和 Guadalquivir 河口均位于伊比利亚半岛西南部,这两个河口地形相对简单,均由单一、狭窄且中等水深的河道组成,水深变化较小,适用于一维潮波传播解析模型。其次,由于上游水库的调蓄作用,潮流量的振幅比径流量要高出几个量级。在低流量条件下,两个河口的盐、淡水通常充分混合,均为潮优型河口。

Guadiana 河口位于西班牙和葡萄牙之间的南部边界,连接 Guadiana 河和 Cadiz

湾。水位观测资料覆盖从口门至河口上游 78 km 处的拦潮坝(Garel et al.,2009)。河口断面横截面积和河宽均沿程辐聚减小,可用指数函数进行概化,得到横截面积和河宽的辐聚长度分别为 a = 31 km 和 b = 38 km,如图 4.4 所示。Guadiana 河口平均水深为 4 ~ 8 m,沿程平均约为 5.5 m(Garel,2017)。潮位数据由 8 个压力传感器记录得到,整个河口按每 10 km 间隔布设一个传感器(从口门至上游约 70 km),观测时间约为两个月(即 2015 年 7 月 31 日至 9 月 25 日)。采用基于 MATLAB 编写的"T-TIDE"工具箱对实测水位数据进行调和分析(Pawlowicz et al.,2002),得到各个天文分潮的振幅和相位,结果如表 4.2 所示。由表 4.2 可知,M_2 分潮振幅最大,且半日分潮(M_2、S_2、N_2)均大于全日分潮(K_1、O_1)和 1/4 分潮(M_4),且 $(\eta_{K_1}+\eta_{O_1})/(\eta_{M_2}+\eta_{S_2})$ 小于 0.1,表明潮汐类型为典型的半日潮型。

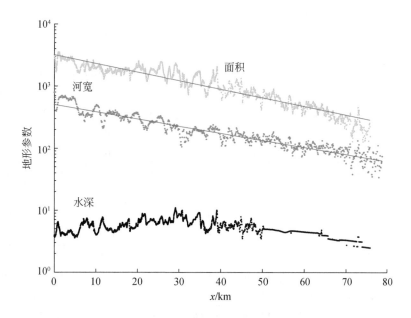

图 4.4 Guadiana 河口沿程的平均水深、河宽和断面横截面积

红色实线表示河宽和横截面积的指数拟合曲线

Guadalquivir 河口位于西班牙南部,距离东部 Guadiana 河口约 100 km。河口的总长度为 103 km,范围包括口门处的 Sanlucar de Barrameda 港口至上游的 Alala Del-Rio 拦潮坝。Guadalquivir 河口的地形变化可用指数函数描述,其断面横截面积和河宽的辐聚长度分别为 a = 60 km 和 b = 66 km(Diez-Minguito et al.,2012),水

表 4.2　Guadiana 河口沿程潮位数据的调和分析所得不同分潮的振幅和相位

（括号内为置信区间为 95% 的误差）

距离 x/km	M_{sf}振幅/m	O_1 振幅/m	K_1 振幅/m	N_2 振幅/m	M_2 振幅/m	S_2 振幅/m	M_4 振幅/m	M_6 振幅/m
2.4	0.01 (0.03)	0.06 (0.01)	0.07 (0.01)	0.23 (0.01)	0.97 (0.01)	0.37 (0.02)	0.02 (0.00)	0.01 (0.00)
10.7	0.01 (0.07)	0.06 (0.01)	0.07 (0.01)	0.22 (0.01)	0.93 (0.01)	0.34 (0.01)	0.02 (0.01)	0.01 (0.00)
22.8	0.03 (0.04)	0.06 (0.01)	0.07 (0.01)	0.20 (0.02)	0.86 (0.02)	0.29 (0.02)	0.04 (0.01)	0.02 (0.01)
33.9	0.06 (0.05)	0.06 (0.01)	0.07 (0.01)	0.20 (0.02)	0.85 (0.02)	0.27 (0.02)	0.04 (0.01)	0.03 (0.01)
43.6	0.06 (0.06)	0.06 (0.01)	0.07 (0.01)	0.21 (0.02)	0.87 (0.02)	0.27 (0.02)	0.05 (0.01)	0.03 (0.01)
51.4	0.05 (0.05)	0.06 (0.01)	0.07 (0.01)	0.22 (0.02)	0.90 (0.02)	0.28 (0.02)	0.07 (0.01)	0.03 (0.01)
60.1	0.07 (0.06)	0.06 (0.01)	0.07 (0.01)	0.22 (0.02)	0.93 (0.02)	0.30 (0.02)	0.08 (0.01)	0.04 (0.01)
69.6	0.10 (0.06)	0.06 (0.01)	0.06 (0.01)	0.19 (0.03)	0.78 (0.03)	0.24 (0.03)	0.16 (0.03)	0.02 (0.01)

距离 x/km	M_{sf}相位 /(°)	O_1 相位 /(°)	K_1 相位 /(°)	N_2 相位 /(°)	M_2 相位 /(°)	S_2 相位 /(°)	M_4 相位 /(°)	M_6 相位 /(°)
2.4	190(149)	310(6)	73(5)	54(4)	62(1)	93(2)	151(8)	219(18)
10.7	8(190)	319(7)	85(6)	68(3)	75(1)	108(3)	103(14)	237(15)
22.8	38(66)	331(9)	103(7)	87(4)	93(1)	130(3)	131(12)	294(16)
33.9	49(56)	343(7)	116(6)	104(5)	109(1)	151(4)	166(8)	336(11)
43.6	51(58)	348(8)	123(8)	116(5)	121(1)	166(4)	189(6)	12(14)
51.4	48(48)	352(9)	128(8)	123(6)	128(1)	175(5)	203(5)	43(19)
60.1	53(58)	356(9)	133(8)	131(6)	135(1)	184(5)	219(4)	69(21)
69.6	51(43)	7(9)	146(8)	146(9)	148(2)	200(7)	261(11)	15(18)

深沿程基本不变,约为 7.1 m。Diez-Minguito 等(2012)收集 2008 年 6~12 月的实测水位数据,并进行调和分析,探究 Gualdalquivir 河口潮汐动力的时空变化。对比两个河口可知,Guadalquivir 口门处各个天文分潮的振幅和相位与 Guadiana 河口口门处(表 4.2)的结果极为相似,表明两个河口均为中潮河口且以半日分潮为主。本章中 Guadalquivir 河口的实测水位数据由 Diez-Minguito 等(2012)提供。

4.5.2　模型应用

将 4.2 节中介绍的半封闭河口的潮波传播解析模型应用于 Guadiana 和 Guadalquivir 河口,以重构不同天文分潮的潮波传播过程和相应的潮波传播特征值,并将模型的计算值与实测潮波振幅 η 和相位差 ϕ_A 进行比较。

在 Guadiana 河口,解析模型中采用沿程平均水深 $\bar{h}=5.5$ m,河口形状符合指数收敛,其河宽辐聚长度为 $b=38$ km,边滩系数设为 $r_S=1$,表明边滩或潮滩影响可忽略不计(经 20 km², Garel, 2017)。根据 4.4.2 节中迭代过程可得模型率定的曼宁摩擦系数的倒数 $K=42$ m$^{1/3}$/s。由图 4.5 可知, Guadiana 河口中不同天文分潮的

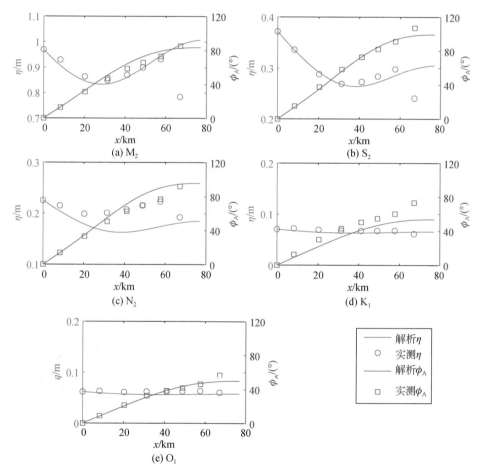

图 4.5　Guadiana 河口不同天文分潮的潮波振幅和水位相位实测值和模型计算值之间的对比

潮波振幅和水位相位差的模拟值与实测值基本吻合,但在河口中部区域 N_2 分潮的振幅比实测值偏高,主要原因在于用于调和分析的时间序列(54 天)偏短,并不能很准确地分离得出 N_2 分潮的调和常数。假如采用 2017 年距口门 58 km 处收集的长时间序列(85 天)数据用于调和分析,得到的 N_2 分潮(0.16 m)和模型计算结果就较为一致,此时 2015 年和 2017 年的其他分潮调和分析结果基本相似。此外,由于受距离河口口门大约 65 km 处的丁坝影响(Garel,2017),上游半日分潮的计算值与实测值出现较大偏差。表 4.3 为迭代过程得到的平均摩擦校正因子 f,可用于揭示不同天文分潮之间的非线性相互作用,其中,次要天文分潮 S_2、N_2、O_1 和 K_1 的平均摩擦校正因子 f 分别为 4.6、8.1、41.1 和 49.8。

表 4.3　Guadiana 和 Guadalquivir 河口的不同天文分潮的平均摩擦校正因子 f

天文分潮	M_2	S_2	N_2	K_1	O_1
Guadiana	1.1	4.6	8.1	41.1	49.8
Guadalquivir	1.1	5.4	9.7	40.7	43.7

　　解析模型的计算结果可用于探讨 Guadiana 河口不同天文分潮主要潮波特征参数的沿程变化。图 4.6 为水位衰减/增大参数 δ_A 和波速参数 λ_A(其定义见表 4.1)的

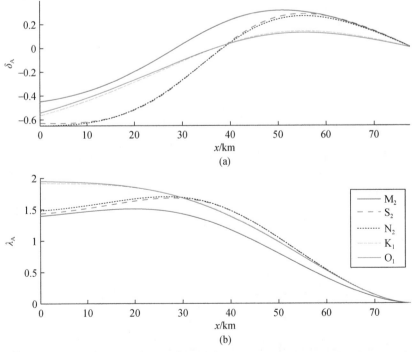

图 4.6　Guadiana 河口不同天文分潮的潮波振幅衰减/增大参数 δ_A 和波速参数 λ_A 的沿程变化

沿程变化。由图 4.6 可见,次要半日分潮(S_2、N_2)和全日分潮(O_1、K_1)的变化基本相似。如图 4.6(a)所示,次要分潮 S_2、N_2、O_1 和 K_1 的摩擦要大于主要分潮 M_2。此外,虽然全日分潮振幅比半日分潮小,但在河口近口段($x = 0 \sim 40$ km),半日分潮(S_2、N_2)受到的衰减效应($\delta_A < 0$)强于全日分潮(O_1、K_1)。相反的,在河口上游半日分潮(S_2、N_2)受到的增大效应($\delta_A > 0$)强于全日分潮(O_1、K_1)。由图 4.6(b)可知,主要天文分潮 M_2 的传播速度要比次要天文分潮快。在靠近口门段($x = 0 \sim 30$ km),次要半日分潮的传播速度大于全日分潮,而在上游河段则相反,由此表明由于河道辐聚、底床摩擦和反射波的影响,潮波振幅梯度参数和波速参数之间存在较为复杂的非线性关系。

在 Guadalquivir 河口,解析模型采用的河宽辐聚长度 $b = 65.5$ km,水深为 7.1 m,在 $0 \sim 103$ km 范围内采用线性变化的边滩系数,即 $r_S = 1 \sim 1.5$ 河口范围内由口门向河流方向线性减小。通过迭代算法,解析模型率定的 K 为 46 $\mathrm{m}^{1/3}/\mathrm{s}$。由图 4.7

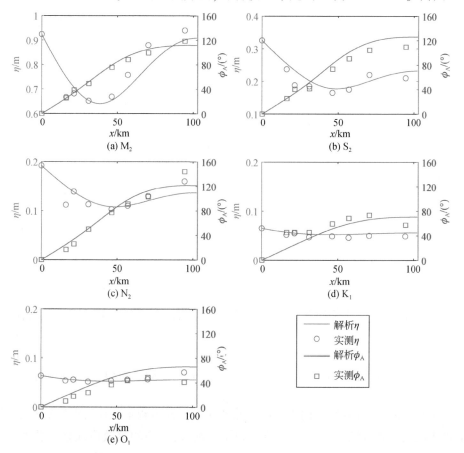

图 4.7　Guadalquivir 河口不同天文分潮的潮波振幅和水位相位实测值和预测值的对比

可见,解析模型能够较好地反演不同天文分潮的潮波传播过程,其中次要分潮 S_2、N_2、O_1 和 K_1 的摩擦校正因子 f 分别为 5.4、9.7、40.7 和 43.7。

图 4.8 为 Guadalquivir 河口水位衰减/增大参数和波速参数的沿程变化,两个特征参数的变化趋势和 Guadiana 河口基本相似。由图 4.8 可见,主要分潮 M_2 在河口近口段($x=0\sim35$ km)传播速度和次要分潮基本相同,但其有效摩擦要比其他次要分潮小。与 Guadiana 河口不同之处在于,次要半日分潮的衰减效应要比次要全日分潮小[$x=0\sim7$ km,如图 4.8(a)所示],而潮波传播速度在河口近口段($x=0\sim38$ km)比次要全日分潮大。在中间河段($x=7\sim52$ km),与 Guadiana 河口类似,次要半日分潮的潮波衰减效应比全日分潮强。而在河口上游河段,虽然次要半日分潮传播速度较小,但其潮波增大效应比次要全日分潮强。

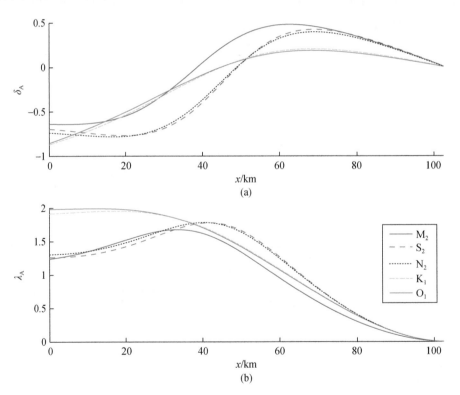

图 4.8 Guadalquivir 河口不同天文分潮的潮波振幅梯度参数和波速参数的沿程变化

在两个河口的前半段,由于底床摩擦效应大于河道辐聚效应,潮波的衰减作用主要体现在主要分潮 M_2 的衰减。在河口上游河段,河道辐聚效应加强且叠加有反射波的影响(减弱潮波传播的整体摩擦)导致潮波振幅增大。关于 Guadiana 河口的潮波传播过程可参考 Garel 和 Cai(2018),Guadalquivir 河口可参考 Diez-Minguito 等(2012)。

可通过河口潮汐动力的主要控制因素,即河口形状参数 γ(表示河道辐聚效应)和摩擦参数 χ_n(表示底床摩擦效应)的沿程变化(图 4.9)研究不同天文分潮的潮波传播机制。在 Guadalquivir 河口,由于解析模型中使用沿程变化的边滩系数 r_s 导致其形状参数沿程变化。由于全日分潮的频率为半日分潮的两倍,全日分潮形状参数 γ(见表 4.1 中 γ 的定义)比半日分潮大一倍左右[图 4.9(a)、(d)]。此外,由于不同分潮的非线性相互作用,全日分潮的有效摩擦大于半日分潮[图 4.9(b)、(e)、表 4.3]。然而,除反射效应较强的位置外,不同分潮的潮波传播特征主要取决于河道辐聚效应和底床摩擦效应之间的相对平衡。在靠近口门段,不同天文分潮的潮波振幅梯度参数为 $\delta_A = \gamma/2 - \chi_n \mu \cos(\phi)/(2\lambda_A)$(Cai et al.,2012b,方程 20)。全日分潮的河道辐聚效应(即 $\gamma/2$)大于半日分潮,但其底床摩擦效应[即

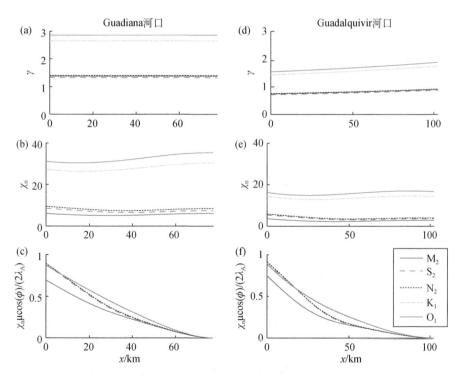

图 4.9 Guadiana 河口和 Guadalquivir 河口形状参数 γ、摩擦参数 χ_n 和 $\chi_n \mu \cos(\varphi)/(2\lambda_A)$ 的沿程变化

$\chi_{n}\mu cos(\phi)/(2\lambda_{A})$]只略微强于半日分潮,导致近口门段全日分潮的衰减效应较弱[图4.6(a)、图4.8(a)]。对于 Guadalquivir 河口,靠近口门段($x=0\sim7$ km)全日分潮的衰减效应强于半日分潮,而在河口上游河段,由于上游封闭端的反射作用,其衰减效应反而较弱(Carel and Cai,2018)。

　　本章通过两个实际河口的潮波传播例子表明不同分潮之间的非线性相互作用对潮波传播机制的重要影响(图4.6、图4.8)。图4.10 为不考虑不同分潮之间非线性相互作用时(即$f_{n}=1$),潮波振幅梯度参数δ_{A}和波速参数λ_{A}的解析计算结果。由图4.10可知,由于模型中有效摩擦低于实际值,次要半日分潮和全日分潮的衰减效应偏低[图4.10(a)、(c);图4.6(a)和图4.8(a)]。类似的,底床摩擦偏低导致半日分潮和全日分潮的潮波传播速度的计算值高于实际情况[图4.10(b)、(d);图4.6(b)和图4.8(b)],因此,需要通过引入有效摩擦的校正因子,采用迭代算法重构不同分潮的潮波传播特性。

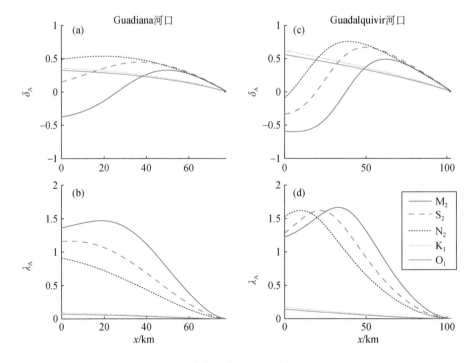

图 4.10　未考虑不同分潮之间非线性相互作用情况下 Guadiana 河口和
Guadalquivir 河口衰减/增大参数δ_{A}和波速参数λ_{A}的沿程变化

4.6 小　　结

　　本章在考虑不同分潮之间非线性相互作用的解析模型基础上,探讨了河口主要分潮(M_2)与其他次要天文分潮之间的相互作用,以及在潮波传播过程中二次流速项的影响。解析模型采用切比雪夫多项式分解方法,得到不同天文分潮有效摩擦的解析表达式。在此基础上,通过本章提出的概念模型,结合迭代算法,可探究不同天文分潮之间的非线性作用并重构不同天文分潮的潮波传播变化情况。该方法的优点在于原来仅适用于单一分潮潮波传播的解析模型可用于重构不同天文分潮的潮波传播过程。解析模型在 Guadiana 和 Guadalquivir 河口中的应用表明模型可反演不同天文分潮之间的非线性的相互作用,并反演各个分潮的潮波传播变化。本章所提出的解析方法,优点在于可定量计算不同天文分潮的有效摩擦,而不是分别率定不同天文分潮的摩擦参数。后期研究需进一步探讨通过该方法确定的摩擦系数和实际河口底质参数之间的定量关系。

第 5 章　潮优型河口地貌动力耦合机制——水位反演地形演变

5.1　引　　言

河口地貌动力是河口海岸研究的重要内容,基于解析解揭示河口潮动力与地形演变的内在动力学机制,进而提出通过水位观测资料反演地形演变过程的解析模型,采用该模型可有效评估自然调节和强人类活动对河口地貌格局的影响程度。在给定口门振幅、河口地形和底床摩擦条件下,通过一维水动力解析模型能够反演主要潮波传播变量(如潮波振幅梯度、流速振幅、传播速度、流速和水位之间的相位差等)的时空变化。反之,通过实测水位资料计算潮波振幅梯度和传播速度,通过解析模型的逆运算可估算河口的形状参数(如河口沿程平均水深)的演变;同时结合遥感或卫星影像图估算河口水域面积,可进一步反演河口容积的变化。近几十年来,由于河口区经济及城镇化的快速发展,强人类活动(如航道疏浚、滩涂围垦、河道采砂等)显著改变河口地形,迫切需要探究强人类活动驱动下河口河床演变的过程及趋势。传统的河口河床演变主要基于遥感卫星影片和实测河道地形图,采用数据驱动(如 Zhang W et al.,2015;Wu Z et al.,2014,2016;Wu C et al.,2016)或基于物理过程的地形演变数值模型(如 Guo et al.,2014,2016;Luan et al.,2017)进行分析。然而,由于大面积地形测量需要大量人力财力的支持,大多数河口的实测地形资料(特别是长时间序列)较为缺乏。因此,探讨潮优型河口的地貌动力耦合机制,通过水动力的时空演变揭示地形演变的过程及机制具有重要的科学意义。

在无摩擦棱柱形河口或理想型河口(即潮波振幅沿程不变)中,潮波传播速度遵循浅水波的波速方程(如 Savenije,2005):

$$c_0 = \sqrt{g\bar{h}/r_{\mathrm{S}}} \tag{5.1}$$

式中,c_0 为浅水波传播速度;g 为重力加速度;$\bar{h}$ 为潮平均水深;r_{S} 为潮滩系数(定义为满槽河宽和平均河宽的比值)。由式(5.1)可知,无摩擦棱柱形河口或理想型河口的潮平均水深可表达为 $\bar{h}=r_{\mathrm{S}}c_0^2/g$，即水深和浅水波传播速度的平方成正比。然而，由于真实河口河道辐聚和底床摩擦效应对潮波传播的影响往往不可忽略，因此，式(5.1)并不能有效地反演真实河口的水深变化。近年来，不少学者推导出同时考虑地形辐聚和底床摩擦效应的潮波传播解析模型（如 Savenije and Veling，2005；Savenije et al.，2008；Toffolon and Savenije，2011；Van Rijn，2011；Cai et al.，2012b，2016；Winterwerp and Wang，2013），并用于反演河口潮波传播变量的时空演变。反过来，假如主要的潮波传播变量（如潮波振幅梯度、传播速度）能够通过实测水位资料估算，则采用这些解析模型的逆运算就能够较为真实地反演河口地形的演变（如水深变化）。

本章研究目的在于揭示水动力与地形演变之间的内在动力学机制，在此基础上提出通过水位观测资料反演地形演变过程的解析模型，并用于快速评估自然调节和强人类活动对河口地貌格局的影响程度。模型应用于珠江河口最大的潮优型河口湾——伶仃洋，基于 1965～2016 年的实测水位资料，采用经典调和分析方法提取主要天文分潮（M_2）的振幅和相位，并用于估算河口湾的潮波振幅梯度和传播速度，代入解析模型，反演河口湾平均水深和河槽容积的演变过程，为今后河口湾的治理及水资源高效开发利用提供科学依据。

5.2　潮波传播解析模型及水深预测方法

5.2.1　无限长河口潮波传播解析解

在断面横截面积沿程缓慢化的河道中，忽略非线性连续项 $U\partial z/\partial x$ 和平流项 $U\partial U/\partial x$ 后，线性化的质量和动量守恒方程表达式分别为（Savenije and Veling，2005；Van Rijn，2011）：

$$r_{\mathrm{S}}\frac{\partial Z}{\partial t}+h\frac{\partial U}{\partial x}+\frac{hU}{\bar{B}}\frac{\mathrm{d}\bar{B}}{\mathrm{d}x}=0 \qquad (5.2)$$

$$\frac{\partial U}{\partial x}+g\frac{\partial Z}{\partial x}+\frac{rU}{h}=0 \qquad (5.3)$$

式中，U 为断面平均流速；Z 为自由水面高程；h 为水深；$\bar{B}$ 为潮平均河宽（上划线表示潮平均值）；t 为时间；x 为以口门为坐标原点沿河流方向的距离，向陆方向为正

方向;r 为线性化摩擦项,定义为

$$r = \frac{8}{3\pi} \frac{g\upsilon}{K^2 h^{1/3}} \qquad (5.4)$$

式中,$8/(3\pi)$ 为仅考虑单个主要天文分潮(如 M_2)时,利用洛伦兹线性化二次流速项所得的系数(Lorentz,1926);K 为曼宁摩擦系数的倒数。

假设河口潮平均断面横截面积 $\bar{A}$ 与潮平均河宽 $\bar{B}$ 呈指数函数变化:

$$\bar{A} = \bar{A}_0 \exp(-x/a) \qquad (5.5)$$

$$\bar{B} = \bar{B}_0 \exp(-x/b) \qquad (5.6)$$

式中,$\bar{A}_0$ 和 $\bar{B}_0$ 为河口口门处的潮平均断面横截面积和河宽;a、b 分别为横截面积辐聚长度和河宽的辐聚长度。假定横截断面为矩形,则潮平均水深为 $\bar{h} = \bar{A}/\bar{B}$。

水位 Z 和流速 U 的运动过程可描述为周期为 T、频率为 $2\pi/T$ 的简谐波:

$$Z = \eta\cos(\omega t - \phi_A) \qquad (5.7)$$

$$U = \upsilon\cos(\omega t - \phi_V) \qquad (5.8)$$

式中,η 和 υ 分别为潮波振幅和流速振幅;ϕ_A 和 ϕ_V 分别为潮波相位和流速相位。潮波传播过程中,定义传播速度为 c,高潮位(HW)与高潮憩流(high water slack,HWS)或低潮位(LW)与低潮憩流(low water slack,LWS)之间的相位差为 ε。对于简谐波,$\varepsilon = \frac{\pi}{2} - (\phi_A - \phi_V)$。将式(5.2)和式(5.3)进行无量纲化后可得 5 个无量纲参数:河口形状参数 γ(代表河口断面横截面积的辐聚程度)、摩擦参数 χ(描述底床摩擦耗散作用)、流速振幅参数 μ(代表实际流速振幅与无摩擦棱柱形河口流速振幅之比)、传播速度参数 λ(代表无摩擦棱柱形河口传播速度与实际传播速度之比)和潮波振幅衰减/增大参数 δ[代表潮波振幅沿程发生衰减($\delta<0$),或沿程增大($\delta>0$)],其中 γ 和 χ 为自变量,其他为因变量。这些无量纲参数的定义为

$$\gamma = \frac{c_0}{\omega a} \qquad (5.9)$$

$$\chi = r_s f \frac{c_0}{\omega} \zeta \qquad (5.10)$$

$$\mu = \frac{1}{r_s} \frac{\upsilon \bar{h}}{\eta c_0} \qquad (5.11)$$

$$\lambda = \frac{c_0}{c} \qquad (5.12)$$

$$\delta = \frac{1}{\eta}\frac{d\eta}{dx}\frac{c_0}{\omega} \tag{5.13}$$

式中，f 为无量纲摩擦系数；ζ 为无量纲潮波振幅（即潮波振幅与水深的比值），分别定义为

$$f = \frac{g}{K^2 \bar{h}^{1/3}}\left[1-(1.33\zeta)^2\right]^{-1} \tag{5.14}$$

$$\zeta = \frac{\eta}{\bar{h}} \tag{5.15}$$

采用上述无量纲参数，Cai 等（2012b）基于 Savenije 等（2008）的研究，通过求解四个隐式方程得到一维水动力圣维南方程组的解析解，包括相位差方程、尺度方程、潮波振幅梯度方程和传播速度方程：

$$\tan(\varepsilon) = \frac{\lambda}{\gamma - \delta} \tag{5.16}$$

$$\mu = \frac{\sin(\varepsilon)}{\lambda} = \frac{\cos(\varepsilon)}{\gamma - \delta} \tag{5.17}$$

$$\delta = \frac{\gamma}{2} - \frac{4\chi\mu}{3\pi\lambda} \tag{5.18}$$

$$\lambda^2 = 1 - \delta(\gamma - \delta) \tag{5.19}$$

其中，水位和流速的相位解析解分别为（详见 Cai et al.，2016）

$$\tan(\phi_A) = \frac{\Im(A^*)}{\Re(A^*)}, \tan(\phi_V) = \frac{\Im(V^*)}{\Re(V^*)} \tag{5.20}$$

式中，$\Re$ 和 $\Im$ 分别为实部和虚部；A^* 和 V^* 为振幅随无量纲坐标 $x^* = x/(c_0 T)$ 变化的复数函数，表达式分别为

$$A^* = \exp\left[2\pi\left(\frac{\gamma}{2}-\Lambda\right)x^*\right], \quad V^* = \frac{i}{\Lambda + \gamma/2}\exp\left[2\pi\left(\frac{\gamma}{2}-\Lambda\right)x^*\right] \tag{5.21}$$

式中，i 为复数虚数单位；Λ 为复数变量，定义为

$$\Lambda = \sqrt{\frac{\gamma^2}{4}-1+i\frac{8}{3\pi}\mu\chi} \tag{5.22}$$

理想型河口（潮波振幅沿程不变）特殊情况下的解析解可通过将 $\delta = 0$ 代入式（5.16）~式（5.19）得

$$\lambda = 1, \quad \mu = \frac{1}{\sqrt{\gamma^2 + 1}}, \quad \tan(\varepsilon) = \frac{1}{\gamma} \tag{5.23}$$

图 5.1 为四个主要无量纲潮波变量随两个控制变量 χ 和 γ 的等值线变化，其

中粗红线代表理想型河口情况。由于解析解是局部解,即取决于局部的潮波变量(如局部的潮波振幅与水深之比 ζ、河口形状参数 γ 和摩擦参数 χ),因此,需要采用分段方法(即将整个河口分成多个距离较短的河段,在每个小河段中可假设形状参数 γ 和摩擦参数 χ 不变)得到局部变量的沿程变化。基于计算得到的潮波振幅衰减/增大参数 δ 进行线性积分,可得沿程变化的潮波振幅(Savenije et al.,2008):

$$\eta_1 = \eta_0 + \frac{\mathrm{d}\eta}{\mathrm{d}x}\Delta x = \eta_0 + \frac{\delta\omega\Delta x}{c_0} \tag{5.24}$$

式中,η_0 为每个小河段中下游边界处的潮波振幅;η_1 为距离口门往上游 Δx(如 1 km)处的潮波振幅。

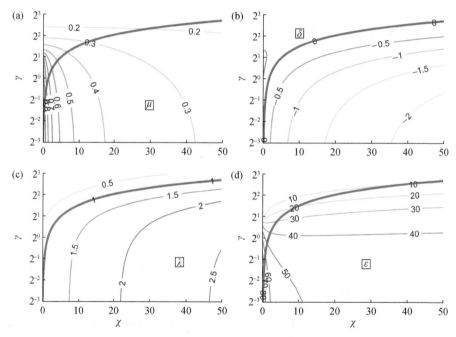

图 5.1　无量纲因变量参数随河口形状参数 γ 和摩擦参数 χ 的等值线变化图

其中红色实线代表理想河口,即 $\delta = 0$,$\lambda = 1$,$\mu = 1/\sqrt{\gamma^2+1}$,$\tan(\varepsilon) = 1/\gamma$

5.2.2　潮平均水深预测方法

本章采用 Savenije 和 Veling(2005)提出的波速方程[式(5.19)],探讨主要潮波变量与地形演变之间的对应关系。这一解析关系式是对无摩擦棱柱形河口中经典的浅水波传播速度的扩展,用于描述潮波振幅衰减/增大效应(即 δ 的影响)和河口辐聚效应(即 γ 的影响)驱动下实际河口的传播速度($\lambda = c_0/c$)。因此,该式隐含了水深的计算公式[见式(5.9)]。图 5.2 为通过式(5.19)计算得到的 λ^2 随 δ 和 γ 的等值线变化,其中 $-3<\delta<1$,$0<\gamma<4$。由图 5.2 可知,以阈值 $\delta=0$ 为界可将河口分为两种类型:当 δ 为正值时,河口沿程潮波振幅增大,此时 $\lambda<1$,即实际潮波传播速度 c 大于无摩擦棱柱形河口的传播速度 c_0;而当 δ 为负值时则河口沿程潮波振幅减小,此时 $\lambda>1$。其内在动力学机制为河道辐聚与底床摩擦效应之间的不平衡,即当河道辐聚效应大于底床摩擦效应时河口沿程潮波振幅增大,反之则相反。当潮波振幅沿程不变时(此时 $\lambda=1$,代表河道辐聚效应与底床摩擦效应相平衡),实际潮波传播速度 c 等于 c_0,这是河道辐聚效应与局地加速度相平衡的结果,即 $\gamma=\delta$(Jay,1991)。

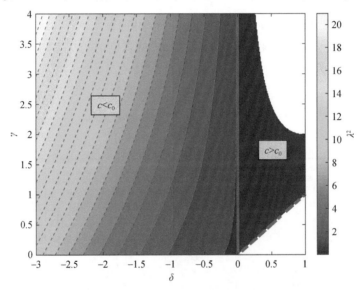

图 5.2　传播速度参数 λ^2 随河口形状参数 γ 及潮波振幅梯度参数 δ 变化的等值线图
其中红色实线代表理想型河口(即 $\delta=0$、$c=c_0$)

改写式(5.19),可得平均水深 $\bar{h}$ 为河宽辐聚长度 b、传播速度 c 和潮波振幅衰减率 δ_H 的函数:

$$\bar{h} = \frac{r_S b c^2 \omega^2}{g(\delta_H c^2 - \delta_H^2 c^2 b + b \omega^2)} \qquad (5.25)$$

式中,波速 c 和潮波振幅梯度 δ_H 在 Δx 距离内的表达式为

$$c = \frac{c_{HW} + c_{LW}}{2} = \frac{\Delta x}{2}\left(\frac{1}{\Delta t_{HW}} + \frac{1}{\Delta t_{LW}}\right) \qquad (5.26)$$

$$\delta_H = \frac{1}{(\eta_1 + \eta_2)/2}\frac{\eta_2 - \eta_1}{\Delta x} \qquad (5.27)$$

式中,c_{HW} 和 c_{LW} 分别为潮波高潮位(HW)和低潮位(LW)时的传播速度;Δt_{HW} 和 Δt_{LW} 分别为河口上下游两个潮位站出现低潮位和高潮位时的时间差;η_1 和 η_2 分别为河口下游和上游潮位站点的潮波振幅。此外,传播速度还可通过潮位调和分析结果得到:

$$c = \frac{\Delta x}{(\phi_{A2} - \phi_{A1})\,T/360} \qquad (5.28)$$

式中,ϕ_{A1} 和 ϕ_{A2} 分别为河口下游和上游站点相位。如 5.3 节所示,这些参数能够通过调和分析潮位站的实际潮位观测资料获得,从而提供了一种预测平均水深 $\bar{h}$ 的简便方法。

值得注意的是,采用式(5.25)预测平均水深的方法是将河口作为一个整体来考虑,此时河口的地形参数分别为河道平均水深 $\bar{h}$ 和河宽辐聚长度 b。由式(5.25)可进一步推导得到平均水深随潮波传播速度和振幅梯度的变化率:

$$\frac{\partial \bar{h}}{\partial c} = \frac{2 r_S b^2 c \omega^4}{g(\delta_H c^2 - \delta_H^2 c^2 b + b\omega^2)^2} \qquad (5.29)$$

$$\frac{\partial \bar{h}}{\partial \delta_H} = \frac{r_S b c^4 (2\delta_H b - 1)}{g(\delta_H c^2 - \delta_H^2 c^2 b + b\omega^2)^2} \qquad (5.30)$$

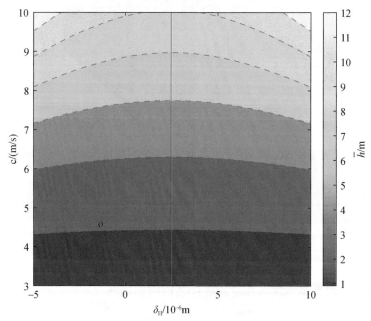

图 5.3   平均水深 $\bar{h}$ 随传播速度 c 和潮波振幅梯度参数 δ_H 变化的等值线分布图

红色实线表示 $\delta_H = 1/(2b)$,对应不同传播速度条件下的最小平均水深

图 5.3 为根据式(5.25)计算得到的平均水深 $\bar{h}$ 随潮波传播速度 c 和潮波振幅梯度 δ_H 的等值线变化,其中河宽辐聚长度 $b=200$ km、$r_S=1$。由图 5.3 可知,平均水深 $\bar{h}$ 随波速 c 增大而增大 $\left[\dfrac{\partial \bar{h}}{\partial c}>0,\text{见式(5.29)}\right]$。而平均水深 $\bar{h}$ 随潮波振幅梯度 δ_H 增大而减少至最小值,此时 $\partial \bar{h}/\partial \delta_H=0$ 对应 δ_H 的极值,即 $\delta_H=1/(2b)$。随后,平均水深随 δ_H 增大而增大。

5.3　解析模型在珠江伶仃洋河口湾的应用

5.3.1　研究区域概况

20 世纪 50 年代至 21 世纪初,珠江河口[图 5.4(a)]由八大口门,即东四门(虎门、蕉门、洪奇沥和横门)和西四门(磨刀门、鸡啼门、崖门和虎跳门)向南海输送约 2823 亿 m³/a 的淡水及 7240 万 t/a 的悬沙(Liu et al.,2014)。伶仃洋河口[图 5.4(b)]是珠江河口中最大的入海口,其水沙主要来自东四门。伶仃洋河口湾为典型的喇叭形水下三角洲,其地貌格局复杂,由两条深槽(东槽和西槽)和三滩(东滩、中滩和西滩)组成。潮波主要由太平洋传入且具有不正规半日潮特性,平均潮差为 1.0~1.7m(Mao et al.,2004)。通常传播至伶仃洋河口湾的潮波主要受地形(如河道辐聚)、底床摩擦和上游流量的影响,但其受流量影响较小。此外,由于伶仃洋河口湾庞大的水体体积,河口过程主要由潮汐动力控制。由于具有辐聚型的河口地形,当潮波传播至伶仃洋时,其平均潮差将大幅增大,口门附近赤湾站潮差为 1.1 m,传播至靠近河口湾顶端的泗盛围站(位于上游 58 km 处)时增大至 3.2 m。潮波向上传播至黄埔站(距泗盛围 24 km 处)时,其潮差接近 3.6 m,之后继续往上游传播潮差逐渐减小(Cai et al.,2019a)。

近几十年来,高强度的人类活动(如土地围垦、航道疏浚、挖沙及大坝建设等)使伶仃洋河口湾的地形地貌发生了巨大变化。土地围垦发生在约 0.5 m 深的浅水地区,1988~2008 年,填海面积约为 200 km²(Wu et al.,2014)。此外,1959 年,西槽初步疏浚后其水深变为 6.9 m,而在多年疏浚作业后,维持在一个特定的深度(如 20 世纪 80 年代的 8.6 m)。90 年代后,西槽在 2001 年、2007 年和 2012 年分进行了三期航道疏浚工程,其疏浚深度分别为−11.5 m、−13 m 和−17 m(相对理论最低潮位基准面,即平均海平面以下 1.7 m)(Li,2008)。除此之外,伶仃洋还存在大量的人为采砂。Wu C 等(2016)研究表明,航道疏浚和挖砂活动导致伶仃洋河口湾水深在 2012~2013 年的变化率约为 5 m/a。上游水库的建设使大量泥沙被拦截,对伶仃洋河口湾的地形演变也产生重要影响。Wu C 等(2016)研究表明,2000~2012 年由于上游输沙量剧减,叠加疏浚和挖砂的综合影响,伶仃洋水体容积大幅增大。

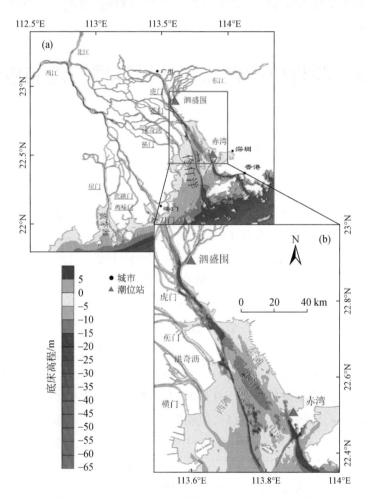

图 5.4　珠江河口(a)伶仃洋河口湾(b)水下地形图

本书收集了 1965 年、1974 年、1989 年、1998 年、2009 年和 2015 年伶仃洋河口湾 1:25000、1:50000 和 1:75000 的历史海图,资料由广州海事局和中国人民解放军海军保障部提供。将地图上的水深、等深线及岸线进行数字化处理,得到数字高程模型(DEM),用于分析伶仃洋河口湾近 50 年(1965~2015 年)的河床演变。

将经纬度信息投影到中国 UTM-WGS84 坐标后利用 ArcGIS 中的克里金插值法插值至 50 m×50 m 的 DEM 网格中,该方法已广泛应用于分析地形变化(如 Brunier et al.,2014;Liu et al.,2019)。

　　基于中国水利部提供的研究期间的潮位记录(1 月水位记录如图 5.5 所示),探究伶仃洋河口湾的潮汐动力时空变化特征。采用赤湾及泗盛围站点的潮位资料(图 5.4),计算研究区域中的潮波传播速度[式(5.26)]和潮波振幅梯度[式(5.27)]。由图 5.5 可知,伶仃洋河口湾潮汐类型为混合半日分潮,涨落潮潮

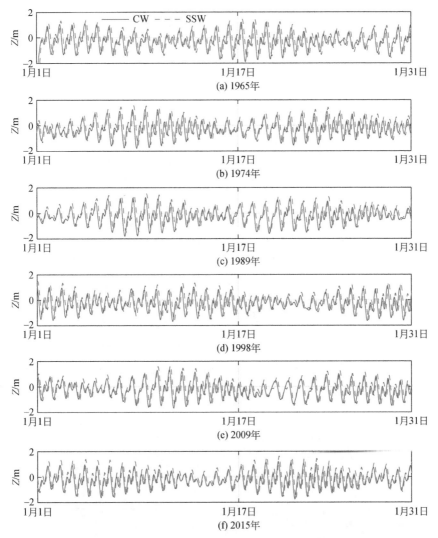

图 5.5　不同时间段相对平均水平面的 1 月实测水位变化曲线

差和涨落潮历时有明显的日不等现象。当潮波由赤湾站传播至泗盛围站时,其潮差由于河道辐聚效应向上游逐渐增大。由实测潮位资料可知,潮波基本上每天出现两个高潮和两个低潮,采用三次样条插值方法,将插值为时间间隔为 1 h 的时间序列用于调和分析。这种插值方法得到的潮位可较完整地保留低频带和主要分潮(如 M_2 分潮)的功率谱,但不能完全重构高频带(Zhang W et al.,2018 采用三角插值方法得到类似结果)。

　　图 5.6 为 1965～2015 年伶仃洋河口湾水下地形变化图。由图 5.6 可知,1965～1974 年围垦面积为 36.2 km²(表 5.1),河口湾内水深变化幅度小于 1 m[见图 5.6(b1)],主要以淤积为主,平均水深仅减少 0.1 m,同一时期内水体容积减

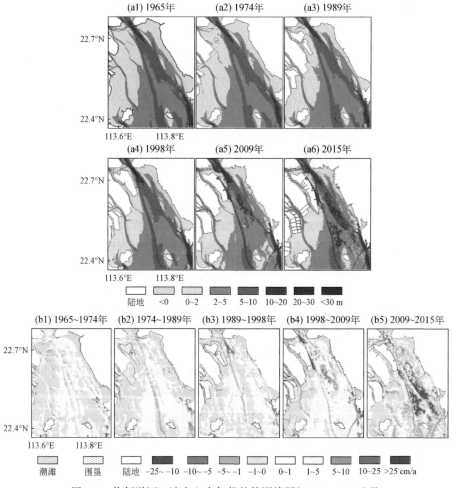

图5.6　伶仃洋河口湾在六个年份的等深线图[(a1)～(a6)]及
五个时间段的水深变化率[(b1)～(b5)]

少 2.0 亿 m³。1974～1989 年,围垦面积大幅度增大,增加土地面积 129.2 km²,在此期间,由于西槽航道水深显著增加,增大幅度达 1～5 m,但平均水深仅增大 0.1 m。然而,由于水域面积减少,水体容积持续减少 0.3 亿 m³。1990 年后,航道疏浚维护进一步加强。1998～2015 年,围垦导致陆地面积持续增大,由图 5.6(a4)和(a5)可见由于西滩的延伸导致西槽变窄,伶仃洋水域面积持续减少(表 5.1),平均水深和水体容积分别增大 0.7 m 和 5.1 亿 m³。2009～2015 年,中滩面积减小,由于挖沙活动,其上部出现约 20 m 的深坑[图 5.6(b5)]。地形演变表明 20 世纪 90 年代后,伶仃洋河口湾水下地形演变主要受强人类活动影响。

表 5.1　1965～2015 年伶仃洋实测地形参数

参数	1965 年	1974 年	1989 年	1998 年	2009 年	2015 年
陆地面积/km²	387.2	423.4	552.6	578.1	627.9	645.3
水域面积/km²	1220.1	1183.8	1054.6	1029.2	979.3	962.0
水深/m	4.2	4.1	4.2	4.3	4.5	5.0
水体体积/亿 m³	40.1	37.9	37.6	37.2	37.6	42.3

5.3.2　潮波传播时空演变及基于实测水位资料的地形演变分析

1)潮波传播速度和潮波振幅梯度的时空演变

根据高、低潮位的传播时间,利用式(5.26)可计算得到实测潮波的传播速度。图 5.7 为不同年份实测传播速度 c 和振幅衰减率 δ_H 随口门处(即赤湾站)潮波振幅 η_0 的变化情况,可知两者均随口门振幅增大而减少(图中 α、β 分别为传播速度和振幅梯度的斜率,均为负值),表明小潮期间振幅增大效应大于大潮,传播速度更快。此外,1965～2015 年,潮平均传播速度有明显的增大趋势[图 5.7(a)～(f)],这与同时期潮波振幅增大率的增长趋势相对应。值得注意的是,1965 年潮波特征值(即 c 和 δ_H)的大小潮变化明显比 2015 年强。

潮波传播速度和潮波振幅梯度均反映了河道辐聚与底床摩擦的相对平衡状态(Savenije and Veling,2005)。从摩擦参数 χ[式(5.10)]的定义可知,由于大潮期间潮波振幅与水深比 ζ 较大,因此,大潮的底床摩擦效应比小潮大,而形状参数 γ 和平均水深 $\bar{h}$ 在大小潮中的变化不明显。因此,潮波振幅梯度 δ_H 在小潮中更大。

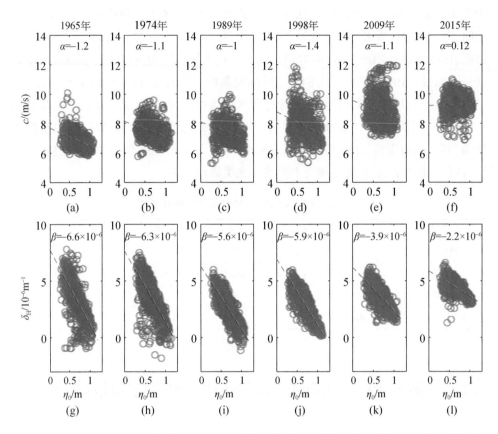

图 5.7　伶仃洋河口湾潮波传播速度 c 和潮波振幅梯度 δ_{H} 随赤湾站潮波振幅 η_0 的变化情况

红虚线表示最优线性拟合曲线,α 和 β 分别为传播速度和振幅梯度的斜率

采用波速方程可进一步探讨传播速度的大小潮变化机制,将式(5.12)代入方程式(5.19)可得

$$c = \frac{c_0}{\sqrt{1 - \delta(\gamma - \delta)}} \qquad (5.31)$$

由式(5.31)可知,当 γ 和 $\bar{h}$ 为恒定值时,波速 c 将随潮波振幅梯度参数的 δ 减少而增大。因此,假设在大小潮过程中,平均水深不变,则传播速度在小潮期间大于大潮。

2)解析模型反演潮汐动力的时空演变

采用解析模型反演河口水下地形演变之前,需要对模型进行率定和验证。采用 5.2.1 节的解析模型重构伶仃洋河口湾潮波传播特征值(潮波传播速度和潮波

振幅梯度等)的时空演变。基于 Pawlowicz 等(2002)提供的经典调和分析 T_TIDE
工具箱,提取年均尺度的 M_2 天文分潮的调和常数(即潮波振幅和相位)。基于已
收集的地形数据,采用指数函数描述伶仃洋的断面横截面积和河宽的沿程变化
(图 5.8),拟合的地形参数如表 5.2 所示。由图 5.8 可见,由于口门处河宽辐聚程
度和水深较大,虎门口附近横截断面面积出现骤减。

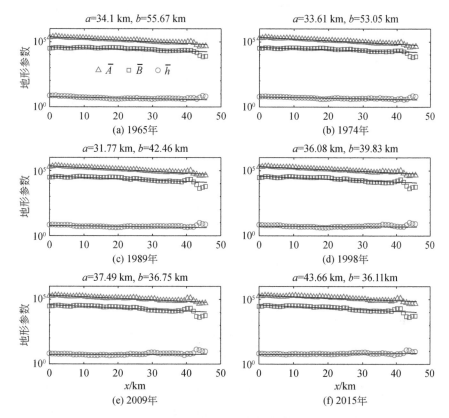

图 5.8　伶仃洋河口湾不同年份地形特征参数的沿程变化

潮平均横截面积 $\overline{A}(\mathrm{m}^2)$、河宽 $\overline{B}(\mathrm{m})$ 和水深 $\overline{h}(\mathrm{m})$,其中黑色实线为
根据指数函数式(5.5)、式(5.6)得到的拟合曲线

表 5.2　伶仃洋河口湾不同年份的地形参数

年份	1965	1974	1989	1998	2009	2015
$\overline{A}_0/10^5\,\mathrm{m}^2$	24.4	22.9	22.9	20.8	20.8	20.8
$\overline{B}_0/\mathrm{km}$	40.34	37.79	37.79	37.79	37.79	37.77
a/km	34.10	33.61	31.77	36.09	37.49	43.66

年份	1965	1974	1989	1998	2009	2015
b/km	55.67	52.98	42.46	39.8	36.75	36.11
$\overline{h}_0/\mathrm{km}$	4.71	4.76	5.07	5.19	5.57	6.16

图 5.9 为不同年份伶仃洋泗盛围站($x=58$ km)M_2 分潮潮波振幅 η 和相位 ϕ_A 实测值与解析值的对比结果。模型通过调整曼宁摩擦系数的倒数 K 和边滩系数 r_S 进行率定和验证,结果如表 5.3 所示。采用均方根误差(RMSE)评价模型的效果,其中 RMSE=0 表示实测值与解析值完全一致。由率定验证结果可知,振幅(0.015 m< RMSE<0.020 m)和相位(1.1°<RMSE<2.1°)的实测值与解析值拟合度较高,表明

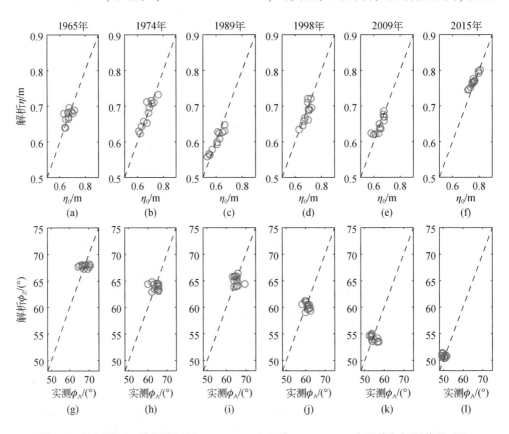

图 5.9　伶仃洋河口湾潮波振幅 η(a)~(f)和相位 ϕ_Z(g)~(l)实测值与解测值的对比

虚线表示最优拟合曲线

解析模型可较好地重构伶仃洋河口湾的主要潮汐动力特征。率定验证的摩擦系数 K 范围为 58~90 $m^{1/3}/s$,其最小值出现在 2009 年(对应的底床摩擦大),而最大值出现在 1965 年(对应底床摩擦最小)。

表5.3 解析模型率定验证结果

年份		1965	1974	1989	1998	2009	2015
率定参数	r_S	1.12	1.05	1.15	1.02	1.0	1.0
	$K/(m^{1/3}/s)$	90	85	65	62	58	61
RMSE	潮波振幅/m	0.020	0.018	0.019	0.018	0.018	0.015
	相位/(°)	1.9	2.1	1.9	1.7	2.1	1.1

图 5.10 为流速振幅参数 μ、衰减/增大参数 δ、波速参数 λ 和相位差 ε 等无量纲参数的沿程变化轨迹。由图 5.10 可知,1965 年、1974 年和 1989 年河口形状参

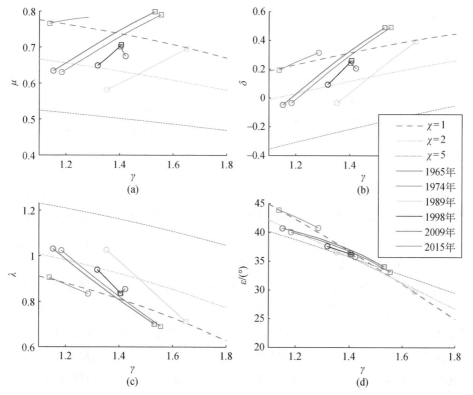

图 5.10 伶仃洋河口湾主要无量纲参数随河口形状参数 γ 的变化轨迹

图中正方形代表赤湾站,圆形代表泗盛围站,图中背景线条表示解析模型计算所得不同摩擦参数 χ 条件下的主要无量纲参数;(a)流速振幅参数;(b)衰减/增大参数;(c)波速参数;(d)流速与水位之间的相位差

数 γ 沿程减少,这主要是由于沿程水深变浅,而在 2009 年和 2015 年,γ 由于沿程水深增加而增大。在图 5.10 中,四个无量纲参数在不同年份的沿程变化用不同的颜色表示,其中正方形表示赤湾站的起始位置,圆形符号代表泗盛围站的位置。由图 5.10 可知,研究时段内(1965~2015 年)潮汐动力模式发生转变,1965~1989 年流速振幅参数和衰减/增大参数的平均值均下降,随后逐渐增大并恢复到 20 世纪 60 年代的水平。由图 5.10(c)可知,波速参数在 1965~2015 年呈现增大趋势,但基本变化趋势与其他参数类似。流速与水位之间的相位差呈现持续增大趋势,表明潮波性质趋于驻波形式。表 5.4 为主要无量纲参数的空间平均值,其中在 1989 年附近出现明显的过渡阶段。从动力学角度可知,1965~1989 年潮汐动力呈减弱趋势(μ 和 δ 变小),随后由于 μ 和 δ 增大,潮汐动力逐渐增强。

表 5.4　伶仃洋河口湾(0~58 km)主要无量纲参数的空间平均值

年份	γ	χ	μ	δ	λ	ε
1965	1.32	0.74	0.72	0.19	0.87	41.92
1974	1.40	0.76	0.70	0.20	0.85	40.18
1989	1.46	0.96	0.64	0.14	0.87	37.21
1998	1.39	0.99	0.64	0.13	0.9	36.66
2009	1.40	0.89	0.66	0.21	0.86	34.47
2015	1.27	0.81	0.7	0.25	0.86	34.64

3)潮平均水深的预测

解析模型结果表明河口的潮波振幅梯度和潮波传播速度之间的关系可用式(5.19)描述。反过来,基于实测的传播速度和潮波振幅梯度可通过解析模型反演平均水深 $\bar{h}$ 的逐年变化(见 5.2.2 节)。该模型假设河口沿程水深恒定,因此,河宽辐聚长度等于断面横截面积辐聚长度,即 $a=b$。

河宽辐聚长度可通过地形图进行估算,而根据实测水位数据可计算得到潮波传播速度和振幅梯度,结合表 5.3 中的 r_S,采用式(5.25)可估算潮平均水深。图 5.11 为研究时段内的实测潮波传播速度和振幅梯度,以及预测的潮平均水深和赤湾站的潮波振幅。预测的月均尺度平均水深变化主要是由平均海平面的季节性变化导致。由图 5.11 可见,反演的水深与潮波传播速度的变化趋势非常相似,表明伶仃洋河口湾潮波传播速度对河口水深的影响大于潮波振幅梯度。

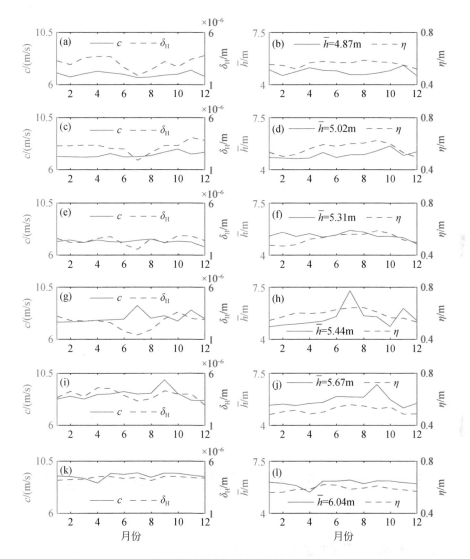

图 5.11 基于实测潮波传播速度 c 和潮波振幅梯度 δ_H 预测得到的
潮平均水深 $\bar{h}$ 以及赤湾站潮波振幅 η

1965 年(a)、(b),1974 年(c)、(d),1989 年(e)、(f),1998 年(g)、(h),2009 年(i)、(j),2015 年(k)、(l)

图 5.12 为解析模型预测的伶仃洋河口湾不同年份的潮平均水深及相应的水体容积结果与实测值的对比,其中 r_s 和水域面积分别通过率定和实测数据进行三次样条插值获得。由于解析模型是潮平均尺度,因此,实测平均水深及水体容积均是基于平均海平面的计算结果。对于这两个地形特征参数,其预测值与实测值吻

合较好,均方根误差分别为 0.068 m 和 0.61 亿 m³,表明该方法能作为一种有效的工具用于初步预测水深和水体容积的演变。

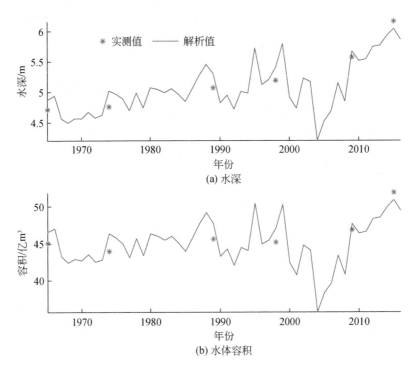

图5.12 伶仃洋河口湾潮平均水深和水体容积的年均实测值与预测值的对比

5.4 地貌动力耦合过程及模型的局限性

5.4.1 地形演变对潮汐动力的影响

伶仃洋河口湾为典型的喇叭状河口,其潮波动力是维持河口形态稳定的主要动力因素。一般而言,珠江河口的潮波传播主要受地形(如横截面积沿程变化)和上游流量影响(Zhang et al.,2010)。自 20 世纪 50 年代以来,上游流量变化并不明显(Liu et al.,2017),因此,地形变化是影响伶仃洋潮汐动力的主要因素。1965 ~ 1974 年,由于土地围垦,伶仃洋水域面积和水体容积均减少,而 80 年代后,西槽(即伶仃洋航道)开始进行航道疏浚(Wu C et al.,2016),1974 ~ 1989 年西槽水深明显增大[图 5.6(b2)]。虽然 1974 ~ 1989 年伶仃洋河口湾陆地面积增大 30.5%,但水体容积仅减少 0.8%,平均水深增大 0.1 m(表 5.1)。此外,1989 年后,由于大量的航道疏浚和入海泥沙大幅减少(珠江流域水库建设导致),伶仃洋河口湾平均水深大幅增大。因此,水下地形演变模式从 1989 年开始发生转变,与此同时,伶仃洋河口湾的潮汐动力格局也于 1989 年发生相应变化(图 5.7、图 5.9、图 5.10、表 5.4)。

可通过改写式(5.18)可得理想型河口($\delta = 0$)条件下的均衡水深 h_1(其中 I 表示理想型河口)的表达式:

$$h_1 = \left(\frac{8}{3\pi K^2} vb\sqrt{g} \right)^{6/11} \tag{5.32}$$

该公式表明均衡水深与曼宁摩擦系数的倒数 K 具有 12/11 次方的关系,和流速振幅 v 具有 6/11 次方的关系。假设河宽辐聚长度不变,则河口地形演变主要通过曼宁摩擦系数的倒数(代表底床摩擦)和流速振幅(代表潮汐动力)来反映。具体来说,1965 ~ 1989 年率定的 K 值呈下降趋势,而 1990 ~ 2015 年呈上升趋势(表 5.3),表明潮平均水深呈现先增大后减小的变化趋势。然而,实测资料表明潮平均水深在 1965 ~ 2015 年呈现持续上升的变化趋势,这与潮汐动力的变化有关,特别是流速振幅的变化。由表 5.4 可知,1965 ~ 1989 年流速振幅参数 μ 逐渐减少(表示水深减小),随后逐渐增大(表示水深增大)。因此,1965 ~ 1989 年,底床摩擦是引起河口地形演变的主要因素,而在 1989 ~ 2015 年,河口水深的增大主要受潮汐动力增强的影响。

5.4.2   模型的局限性

潮波传播解析解的推导过程中,需对地形和动力边界进行适当简化。其中,最基本的假设是潮波振幅与水深之比和弗劳德数远小于 1,因此,一维圣维南方程组可以线性化并推导得到解析解。第二个基本假设是在冲积河口中断面横截面积和河宽度可用指数函数进行描述,即式(5.5)、式(5.6)。同时,假设断面为矩形,边滩或潮滩的影响可通过边滩系数 r_S 来反映。在本书中,r_S 的值是通过解析模型率定得到。但其值可通过在不同时间段(如大、中潮时期)的卫星影像图(如 Landsat MSS/TM 数据,来自 http://glovis.usgs.gov)来确定潮间带的范围,从而确定 r_S 的数值。此外,解析模型忽略了上游流量对潮波传播的影响,这在河口下游部分(河流流速远小于潮流流速)一般是成立的。Cai(2014)的研究表明,潮平均水深受非线性摩擦的影响,导致大潮时期(或洪季)的潮平均水深比小潮时期(或枯季)大。然而,解析模型中假设非线性摩擦引起的余水位坡度可忽略不计,因此,模型不能反演大小潮时期的水深变化。另外,模型采用的是无限长河口的潮波动力学解析解,并没有考虑上游封闭端反射波对潮波传播的影响,因此,本章所提的解析方法仅适用于在上游端不封闭或没有水闸存在的潮优型河口(或河口湾)。

5.5　小　　结

　　本章提出通过水位观测资料反演地形演变的解析方法,能够快速评估强人类活动驱动下河口地形地貌的演变过程。首先,通过 Cai 等(2012b)提出的线性化潮波传播解析解探讨伶仃洋河口湾潮波传播的异变过程及机制。模型计算结果与实测潮波振幅和相位对比结果表明,解析模型能较好重构河口沿程的主要潮波传播特征值。基于实测潮位资料,可计算潮波传播速度和振幅梯度,进而采用式(5.16)～式(5.19)反演出潮平均水深和其他潮波特征值(如流速振幅、流速和水位之间的相位差等)。因此,在无法获取详细地形数据的情况下,本章所提的解析方法是一种估算河口平均水深和水体容积的简便方法。

第6章 流量对河口潮波传播
衰减的影响机制

6.1 引　　言

　　流域人类活动改变河口流量过程,进而改变径潮耦合格局;河口是陆海相互作用的过渡区域,受流域径流和外海潮汐的双重作用,径潮动力非线性相互作用具有独特性和复杂性(Guo et al.,2015;欧素英等,2017;蔡华阳等,2018),径潮耦合是河口动力结构的典型特征,流量对河口潮波传播的影响是河口海岸研究的重要问题。自 20 世纪以来,上游建坝、口门围垦、河道挖沙等高强度人类活动对河口环境的破坏已远超河口自身的修复能力,河口海岸面临着巨大挑战(陈吉余和陈沈良,2002)。受强人类活动影响(航道疏浚、无序采砂、口门围垦等),河口的来水来沙条件及河道地形变化剧烈(陈吉余和徐海根,1995;胡光伟等,2014),直接影响河口区的潮波传播及径潮相互作用(蒋陈娟等,2012;郭磊城等,2017;石盛玉等,2017,2018),进而影响盐淡水混合、泥沙输运及河口区的地貌演变(刘锋等,2011;蒋陈娟等,2012;谢丽莉等,2015)。流域高强度人类活动改变河口的来水过程,形成具人类活动典型特征的新格局。流量过程的改变,新格局下的径潮耦合机理,以及流量对河口潮波衰减的形成机制,是目前河口海岸研究的前沿和热点。因此,揭示河口径潮非线性相互作用特征及潮波传播机制,不仅是河口海岸动力学研究的重要科学问题,亦可为河口整治、河口区的水资源管理及整治规划,有效控制盐水入侵和风暴潮灾害等提供科学依据。

　　目前,统计分析(欧素英和杨清书,2004;欧素英等,2017;Pan et al.,2018)、数值模拟(路川藤等,2010,2016;朱建荣和鲍道阳,2016;鲍道阳等,2017a,2017b;Zhang W et al.,2018)和解析理论模型(Horrevoets et al.,2004;Cai et al.,2012b;蔡华阳等,2018)等方法已被广泛应用到河口区流量对潮波传播的影响研究。其中,解析理论方法因模型所需地形、动力边界条件简单易得,能够快速探讨系统扰动对水动力的影响机制,并揭示径潮动力的非线性相互作用机制,在河口区潮波传播过程及其机制研究中取得良好的应用效果（Horrevoets et al.,2004；Cai et al.,2012b；
Kastner et al.,2019；张先毅等,2019）。在解析模型中,潮波振幅和余水位(即潮平
均水位)是反映河口径潮相互作用的两个重要动力指标,在此基础上,可进一步探
讨振幅梯度(正值为增大率,负值为衰减率)和余水位坡度对径潮动力非线性相互
作用的响应过程及机制。研究表明,下泄流量和河口地形是影响潮波传播变形的
两个主要因素(路川藤等,2010,2016；Zhang et al.,2016)。流量对潮波传播的影响
具有双重效应,一方面通过增大径流流速来增强潮波的衰减效应,使潮波振幅趋于
减小；另一方面通过增大河口沿程的余水位、水深及摩擦项中的水深项,减弱潮波
衰减效应,使潮波振幅趋于增大；同时,流量对河口潮波作用的双重效应,具有沿程
(空间)变化特征。而河床下切水深增大,以及河口地形的辐聚效应增强,使潮波
能量汇聚,沿程振幅梯度减小,潮波衰减效应减弱,有利于潮波向上游传播。因此,
通过研究潮波振幅、余水位及其空间梯度值的变化,可定量分析不同外部动力因素
(如径潮动力边界和地形边界等)对潮波传播的影响程度,从而揭示河口区流量影
响下的潮波传播机制。

　　大部分潮波传播解析模型往往忽略下泄流量的影响,如 Savenije 等(2008)、
Toffolon 和 Savenije(2011)、Van Rijn(2011)和 Cai 等(2012a),仅有少数研究考虑
了流量对河口潮波传播的影响。在这些研究中,大部分学者采用摄动法进行分析,
即忽略圣维南方程组中高阶项的影响(如对流加速项),同时对非线性摩擦项进行
线性化处理(如 Dronkers,1964；Leblond,1978；Godin,1985,1999；Jay,1991)。部分
学者采用回归模型确定流量和潮波传播变量之间的关系(如 Kukulka and Jay,
2003a,2003b；Jay et al.,2011),而 Horrevoets 等(2004)和 Cai 等(2012b)基于
Savenije(1998)提出的包络线方法,提出考虑流量对潮波传播及其衰减影响的一维
水动力解析模型。

　　考虑流量影响,推导得到潮波传播解析解的关键在于非线性摩擦项的线性化,
包括动量守恒方程中摩擦项的分子二次流速项和分母水力半径(或水深)的周期
性变化(Parker,1991)。经典的线性化摩擦项公式能够满足一个潮周期内的能量
耗散和非线性摩擦项相同,但不考虑水深的周期性变化(Lorentz,1926)。Dronkers
(1964)通过切比雪夫多项式分解,分别得到考虑和未考虑流量影响的二次流速项
的近似公式。类似的,基于切比雪夫多项式分解方法,Godin(1991,1999)提出一个
包含一阶项和三阶项的二次流速项近似公式。然而,这些简化公式中均未考虑非
线性摩擦项分母中水深项的非线性影响。本章基于 Savenije(1998)的包络线方法,
同时考虑非线性摩擦项中的二次流速项和水深项的影响,提出流量影响下潮波传

播及其衰减的解析理论框架,进而揭示流量对潮波衰减的影响机制。

6.2　潮波动力学基本方程

假设河口宽度和水深沿程缓慢变化,横截断面为矩形形态,潮滩影响可用边滩系数 $r_s=B_s/\bar{B}$ 表示,其中 B_s 为满槽宽度,$\bar{B}$ 为断面平均宽度(上划线表示潮平均条件,下同)。图6.1为理想型河口地形概化示意图,水位和流速过程线用于定义高潮位和高潮憩流之间的相位差。河口主要地形参数(包括断面面积、河度和水深)可用以下指数函数来描述(如 Savenije,1992):

$$\bar{A}=\bar{A}_0\exp\left(-\frac{x}{a}\right), \quad \bar{B}=\bar{B}_0\exp\left(-\frac{x}{b}\right), \quad \bar{h}=\bar{h}_0\exp\left(-\frac{x}{d}\right) \tag{6.1}$$

式中,x 为距口门的距离;$\bar{A}$ 和 $\bar{h}$ 分别为潮平均条件下的断面面积和水深;a、b、d 分别为断面面积、河宽和水深的辐聚长度;下标0为相应地形参数在口门处的值。由于 $\bar{A}=\bar{B}\bar{h}$,因此 $a=bd/(b+d)$。

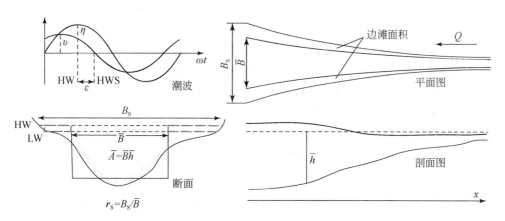

图6.1　河口概化示意图及主要潮波变量符号(改自 Savenije et al.,2008)

冲积型河口一维水动力圣维南方程组为(如 Savenije,2005,2012)

$$\frac{\partial U}{\partial t}+U\frac{\partial U}{\partial x}+g\frac{\partial h}{\partial x}+gI_b+gF+\frac{gh}{2\rho}\frac{\partial\rho}{\partial x}=0 \tag{6.2}$$

$$r_s\frac{\partial h}{\partial t}+U\frac{\partial h}{\partial x}+h\frac{\partial U}{\partial x}+\frac{hU}{\bar{B}}\frac{\partial\bar{B}}{\partial x}=0 \tag{6.3}$$

式中,t 为时间;U 为断面平均流速;h 为水深;g 为重力加速度;I_b 为底床坡度;ρ 为

水体密度;F 为摩擦项,定义为

$$F = \frac{U|U|}{K^2 h^{4/3}} \tag{6.4}$$

式中,K 为曼宁摩擦系数的倒数。

假设水面高程 $z = h - \bar{h}$,且潮波振幅与水深的比值较小,则有

$$U \frac{\partial h}{\partial x} = U \frac{\partial (z + \bar{h})}{\partial x} = U \frac{\partial z}{\partial x} + \frac{\bar{h} U}{\bar{h}} \frac{\partial \bar{h}}{\partial x} \approx U \frac{\partial z}{\partial x} + \frac{hU}{\bar{h}} \frac{\partial \bar{h}}{\partial x} \tag{6.5}$$

将式(6.5)代入式(6.3),同时结合式(6.1),则有:

$$r_{\mathrm{S}} \frac{\partial z}{\partial t} + U \frac{\partial z}{\partial x} + h \frac{\partial U}{\partial x} - \frac{hU}{a} = 0 \tag{6.6}$$

式(6.6)的优点在于水深的辐聚效应隐含在横截面积辐聚效应中。

假设河口系统由口门处一列周期为 T、频率为 $\omega = 2/T$ 的简谐波驱动。如图6.1 所示,水位 z 和流速 U 的振幅分别由 η 和 υ 表示,相位分别由 ϕ_z 和 ϕ_U 表示。在拉格朗日体系中,假设水粒子的运动可由一列简谐波表示,且流量对潮流速度的影响不可忽略,则水粒子的瞬时流速 V 可由恒定的径流流速 U_r 和随时间变化的潮流流速 U_t 组成:

$$V = U_t - U_r, \quad U_t = \upsilon \sin(\omega t), \quad U_r = Q / \bar{A} \tag{6.7}$$

式中,Q 为径流流量,方向和解析模型规定的正方向相反。

前期研究表明潮优型河口水动力主要由3个无量纲参数控制(Toffolon et al., 2006;Savenije et al.,2008;Toffolon and Savenije,2011;Cai et al.,2012a)。这些无量纲参数均为地形和外部动力的函数,定义如表6.1所示。其中,ζ_0 为下游边界处的无量纲潮波振幅,γ 为河口形状参数(代表河口断面面积的辐聚效应),χ_0 为参考摩擦参数(代表底床摩擦效应)。这些参数包含无摩擦棱柱形河口的传播速度 c_0:

$$c_0 = \sqrt{gh / r_{\mathrm{S}}} \tag{6.8}$$

表6.1还列出6个主要的无量纲潮波变量:δ 为潮波振幅梯度参数($\delta > 0$ 表示潮波振幅沿程增大,$\delta < 0$ 表示潮波振幅沿程减小);μ 为流速参数(即实际流速振幅和无摩擦棱柱形河口流速振幅的比值);λ 为传播速度参数(即无摩擦棱柱形河口传播速度与实际传播速度的比值);ε 为 HW 和 HWS 或 LW 和 LWS 之间的相位差;ζ 为河口沿程无量纲潮波振幅;χ 为随 ζ 变化的摩擦参数(Toffolon et al.,2006;Savenije et al.,2008)。摩擦参数中含有一个无量纲参数,通过包络线方法推导可得(Savenije,1998):

$$f = \frac{g}{K^2 \bar{h}^{1/3}} \left[1 - (4\zeta/3)^2 \right]^{-1} \tag{6.9}$$

式中,系数 4/3 来自摩擦项中水力半径的泰勒级数近似展开。

表 6.1　无量纲参数的定义

自变量	因变量
下游边界潮波振幅:$\zeta_0 = \eta_0/\bar{h}$ 河口形状参数:$\gamma = c_0/(\omega a)$ 参考摩擦参数:$\chi_0 = r_s g c_0/(K^2 \omega \bar{h}^{4/3})$	潮波振幅梯度参数:$\delta = c_0 \mathrm{d}\zeta/(\zeta \omega \mathrm{d}x)$ 流速参数:$\mu = \upsilon/(r_s \zeta c_0) = \upsilon \bar{h}/(r_s \eta c_0)$ 传播速度参数:$\lambda = c_0/c$ 相位差:$\varepsilon = \pi/2 - (\phi_z - \phi_U)$ 潮波振幅:$\zeta = \eta/\bar{h}$ 摩擦参数:$\chi = \chi_0 \zeta [1 - (4\zeta/3)^2]^{-1} = r_s f c_0 \zeta/(\omega \bar{h})$

6.3　潮优型河口潮波传播理论框架

假设流量对潮波传播的影响可忽略,潮优型河口一维水动力圣维南方程组的解析解可通过解一组包含 4 个方程的非线性方程组(相位方程、尺度方程、传播速度方程和潮波振幅梯度方程)得到(Savenije et al.,2008)。其中,相位方程和尺度方程是在拉格朗日体系下通过质量守恒方程[式(6.6)]推导得到的(Savenije,1992,1993)。传播速度方程通过特征线法得到(Savenije and Veling,2005)。而潮波振幅梯度方程可通过多种方程得到,其中 Savenije(1998,2001)采用包络线方法,保留非线性摩擦项,通过高潮位和低潮位包络线的解析表达式相减得到该方程。

Cai 等(2012a)指出采用不同的非线性摩擦项近似公式,通过包络线方法可得不同形式的潮波振幅梯度方程。一般来说,解析解可分为以下几类:①保留非线性摩擦项的准非线性解(Savenije et al.,2008);②采用洛伦兹线性化方法的线性解(Lorentz,1926);③采用高阶项近似二次流速项的 Dronkers 方法;④采用 1/3 项洛伦兹线性项和 2/3 项非线性摩擦项的混合性方法(Cai et al.,2012a)。表 6.2 显示这四类解析解的通用表达式和一些特殊情况下的解,包括:横截面积沿程不变的解($\gamma = 0$),无摩擦条件下的解($\chi = 0$,其中,$\gamma < 2$ 表示次临界辐聚条件,$\gamma \geq 2$ 表示超临界辐聚条件),理想型河口条件下的解($\delta = 0$)。这四类解中,混合性方法所得解析解与数值解最为接近。图 6.2 为通过混合性方法得到的四个主要无量纲潮波参数随河口形状参数 γ 和摩擦参数 χ 的变化。

表 6.2 潮优型河口潮波传播解析解的理论框架

类型		相位差方程 $\tan(\varepsilon)$	尺度方程 μ	传播速度 方程 λ^2	衰减/增大方程 δ
通解	准非线性	$\lambda/(\gamma-\delta)$	$\cos(\varepsilon)/(\gamma-\delta)$	$1-\delta(\gamma-\delta)$	$\gamma/2-\chi\mu^2/2$
	线性				$\gamma/2-4\chi\mu/(3\pi\lambda)$
	Dronkers				$\gamma/2-8\chi\mu/(15\pi\lambda)-16\chi\mu^3\lambda/(15\pi)$
	混合性				$\gamma/2-4\chi\mu/(9\pi\lambda)-\chi\mu^2/3$
横截面积 沿程不变	准非线性	$-\lambda/\delta$	$-\cos(\varepsilon)/\delta$	$1+\delta^2$	$-\chi\mu^2/2$
	线性				$-4\chi\mu/(3\pi\lambda)$
	Dronkers				$-8\chi\mu/(15\pi\lambda)-16\chi\mu^3\lambda/(15\pi)$
	混合性				$-4\chi\mu/(9\pi\lambda)-\chi\mu^2/3$
无摩擦($\gamma<2$)		$\sqrt{4/\gamma^2-1}$	1	$1-\gamma^2/4$	$\gamma/2$
无摩擦($\gamma\geqslant2$)		0	$\frac{1}{2}(\gamma-\sqrt{\gamma^2-4})$	0	$\frac{1}{2}(\gamma-\sqrt{\gamma^2-4})$
理想型		$1/\gamma$	$\sqrt{1/(1+\gamma^2)}$	1	0

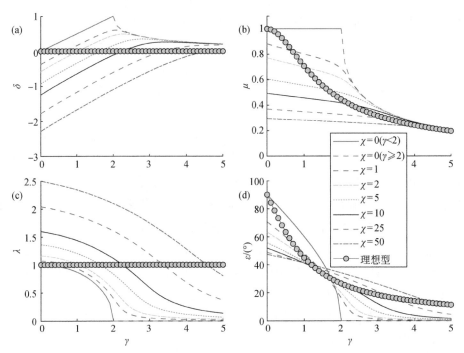

图 6.2 潮优型河口混合性解析模型无量纲衰减/增大参数 δ、流速参数 μ、传播速度参数 λ 和相位差 ε 在不同摩擦参数 χ 条件下随河口形状参数 γ 的变化

绿色圆圈符号表示理想型河口情况(表 6.2)

6.3.1 考虑流量影响的河口潮波传播衰减/增大方程

在潮优型河口衰减/增大方程的基础上,可进一步推导得到考虑流量影响的相应解析方程。为此,引入无量纲流量参数 φ:

$$\varphi = \frac{U_r}{v} \tag{6.10}$$

其中,通过包络线方法在非线性摩擦项中将流量的影响考虑进来,其推导过程可见附录 F。

为简化推导过程,引入潮波振幅梯度方程的通用表达式:

$$\delta = \frac{\mu^2}{1+\mu^2\beta}(\gamma\theta - \chi\mu\lambda\Gamma) \tag{6.11}$$

式中,引入 3 个无量纲参数 β、θ 和 Γ,其中当 $\varphi = 0$ 时,β 和 θ 均等于 1。β 可认为是考虑流量影响的弗洛德数,定义为

$$\beta = \theta - r_s\zeta\frac{\varphi}{\mu\lambda} \tag{6.12}$$

修正系数 θ 考虑了潮波传播速度在高潮位和低潮位时刻的差异,是 φ 的函数:

$$\theta = 1 - (\sqrt{1+\zeta} - 1)\frac{\varphi}{\mu\lambda} \tag{6.13}$$

θ 的值一般小于 1,但当 $\zeta \ll 1$ 其值接近于 1,虽然 $\mu\lambda = \sin(\varepsilon)$ 也小于 1。通常情况下可以假设 $\theta \approx 1$,但这在包络线方法中并不是必要条件。最后,参数 Γ 的表达式取决于具体的非线性摩擦项近似方法,接下来将详细讨论。

6.3.2 准非线性方法

Savenije 等(2008)通过包络线方法在没有线性化摩擦项的情况下推导得到潮波传播的解析解。该方法称为准非线性法,因为其仍然假设水粒子的运动流速是一个简谐波,本质上也是一种线性解。在此基础上,Horrevoets 等(2004)推导得到考虑流量影响的潮波传播解析解。采用表 6.1 中所用的无量纲参数,Cai 等(2012b)推导出考虑径流影响的通用潮波振幅梯度方程,该方程根据无量纲流速参数 φ 的大小可分为两种情况:

下游潮流优势段($\varphi < \mu\lambda$),式(6.11)的表达式为

$$\Gamma = \mu\lambda\left[1+\frac{8}{3}\zeta\frac{\varphi}{\mu\lambda}+\left(\frac{\varphi}{\mu\lambda}\right)^2\right] \tag{6.14}$$

上游河流优势段($\varphi \geqslant \mu\lambda$),式(6.11)的表达式为

$$\Gamma = \mu\lambda\left[\frac{4}{3}\zeta+2\frac{\varphi}{\mu\lambda}+\frac{4}{3}\zeta\left(\frac{\varphi}{\mu\lambda}\right)^2\right] \tag{6.15}$$

6.3.3 洛伦兹线性化方法

非线性摩擦项中二次流速项 $U|U|$ 的傅里叶展开为(Dronkers,1964)

$$U|U| = \frac{1}{4}L_0 v^2 + \frac{1}{2}L_1 v U_t \tag{6.16}$$

式中,当 $0<\varphi<1$ 时,系数 L_0 和 L_1 的表达式为

$$L_0 = [2+\cos(2\alpha)]\left(2-\frac{4\alpha}{\pi}\right)+\frac{6}{\pi}\sin(2\alpha) \tag{6.17}$$

$$L_1 = \frac{6}{\pi}\sin(\alpha)+\frac{2}{3\pi}\sin(3\alpha)+\left(4-\frac{8\alpha}{\pi}\right)\cos(\alpha) \tag{6.18}$$

其中,

$$\alpha = \arccos(-\varphi) \tag{6.19}$$

式中,因为 φ 为正值,$\pi/2<\alpha<\pi$。

当 $\varphi \geqslant 1$ 时:

$$L_0 = -2-4\varphi^2, \quad L_1 = 4\varphi \tag{6.20}$$

当 $\varphi=1$(即 $U_r=v$),此时 $\alpha=\pi$ 且 $L_0=-6, L_1=4$。因此,考虑流量影响的非线性摩擦项的洛伦兹线性化方程为

$$F_L = \frac{1}{K^2\,\bar{h}^{4/3}}\left(\frac{1}{4}L_0 v^2 + \frac{1}{2}L_1 v U_t\right) \tag{6.21}$$

如果流量影响可忽略,即 $U_r=0$ 且 $\alpha=\pi/2, L_0=0, L_1=16/(3\pi)$,式(6.21)可简化为

$$F_L = \frac{8}{3\pi}\frac{v}{K^2\,\bar{h}^{4/3}}U_t \tag{6.22}$$

结合式(6.21),采用包络线方法可推导得到潮波振幅梯度式(6.11)中参数 Γ 的表达式(见附录F):

$$\Gamma_L = \frac{L_1}{2} \tag{6.23}$$

与此同时,还可在洛伦兹线性化方法中同时考虑非线性摩擦项分母中的水深非线

性项(即 $K^2 h^{4/3}$),结果如表6.3所示。当 $\kappa = 1$ 时,水深随时间变化,而式(6.20)可通过设置 $\kappa = 0$ 得到。

类似的,可以采用高阶项来近似逼近非线性摩擦项,如 Dronkers(1964)和 Godin(1991,1999)的线性化方法,进而可得相应的考虑流量影响的潮波振幅梯度方程。详细的推导过程可见附录 G 和 H(表6.3)。

6.3.4 混合性方法

在潮优型河口潮波传播解析解研究中,Cai 等(2012a)提出传统的洛伦兹线性摩擦项(如 Toffolon and Savenije,2011)和完全的非线性摩擦项(如 Savenije et al.,2008)相结合的混合性方法的模型预测效果最好。在本章,进一步拓展该方法使之能够考虑流量的影响,得到新的非线性摩擦项的表达式为

$$F_H = \frac{2}{3}F + \frac{1}{3}F_L = \frac{1}{K^2 h^{4/3}}\left[\frac{2}{3}U\mid U\mid + \frac{1}{3}\left(\frac{L_0}{4}v^2 + \frac{L_1}{2}v U_t\right)\right] \quad (6.24)$$

式(6.24)结合包络线方法可得新的考虑流量影响的衰减/增大方程:

$$\Gamma_H = \frac{2}{3}\Gamma + \frac{1}{3}\Gamma_L \quad (6.25)$$

式中,Γ_L 来自 T_2(表6.3)且 $\kappa = 1$,Γ 来自式(6.14)或式(6.15),即下游潮流优势段($\varphi < \mu\lambda$)或者上游河流优势段($\varphi \geqslant \mu\lambda$)。

6.3.5 非线性摩擦项对平均水位的影响

即使不考虑流量影响且河床高程沿程不变,由于受非线性摩擦效应的影响,潮平均条件下水面线与平均海平面并不一致(Vignoli et al.,2003)。Vignoli 等(2003)推导得到潮平均水位的积分表达式为(见附录 I)

$$\bar{z}(x) = -\int_0^x \frac{\overline{V\mid V\mid}}{K^2 h^{4/3}}\mathrm{d}x \quad (6.26)$$

该式同样适用于考虑流量影响的潮平均水位计算。

本章还采用考虑流量影响的完全非线性的一维水动力数值模型研究摩擦项对潮平均水位的影响。数值模型采用显式的 MacCormack 数值格式,具有时间和空间二阶精度(Toffolon et al.,2006)。仅考虑底床高程沿程不变,但河宽沿河流方向呈指数递减,表达式为

$$\bar{B} = \bar{B}_r + (\bar{B}_0 - \bar{B}_r)\exp(-x/b) \quad (6.27)$$

表 6.3　不同解析方法的潮振幅梯度式(6.11)的对比

模型	摩擦项	不考虑流量影响($\varphi=0$)	考虑流量影响($\varphi>0$)且 $\psi=\varphi/(\mu\lambda)$
Savenije[1-4]	$\dfrac{U|U|}{K^2 h^{4/3}}$	$\mu\lambda$	$\begin{cases} \mu\lambda\left[1+\dfrac{8}{3}\zeta\psi+\psi^2\right] & (\psi\le 1) \\[2mm] \mu\lambda\left[\dfrac{4}{3}\zeta+2\psi+\dfrac{4}{3}\zeta\psi^2\right] & (\psi>1) \end{cases}$ T_1
Lorentz[5]	$\dfrac{1}{K^2 h^{4/3}}\left(\dfrac{L_0}{4}v^2+\dfrac{L_1}{2}vU_1\right)$	$8/(3\pi)$	$\dfrac{L_1}{2}-\kappa\zeta\dfrac{L_0}{3\mu\lambda}$ T_2
Dronkers[6]	$\dfrac{1}{K^2 h^{4/3}}(p_0 v^2+p_1 vU+p_2 U^2+p_3 U^3/v)$	$\dfrac{16}{15\pi}+\dfrac{32}{15\pi}(\mu\lambda)^2$	$\dfrac{1}{\pi}\left[\begin{array}{l}-p_0\dfrac{4\kappa\zeta}{3\mu\lambda}+p_1\left(1+\dfrac{4}{3}\kappa\zeta\psi\right)-2p_2\varphi\left[1+\dfrac{2}{3}\kappa\zeta\left(\dfrac{1}{\psi}+\psi\right)\right] \\[2mm] +p_3\varphi^2\left[3+\dfrac{1}{\psi^2}+4\kappa\zeta\left(\dfrac{1}{\psi}+\dfrac{\psi}{3}\right)\right]\end{array}\right]$ T_3
Godin[7]	$\dfrac{16}{15\pi}\dfrac{U'^2}{K^2 h^{4/3}}\left[\dfrac{U}{U'}+2\left(\dfrac{U}{U'}\right)^3\right]$		$G_0+G_1(\mu\lambda)^2+\kappa\zeta\left(G_2\mu\lambda+\dfrac{G_3}{\mu\lambda}\right)$ T_4
Hybrid method[8]	$\dfrac{2}{3}\dfrac{U|U|}{K^2 h^{4/3}}+\dfrac{1}{3}\dfrac{1}{K^2 h^{4/3}}\left(\dfrac{1}{4}L_0 v^2+\dfrac{1}{2}L_1 vU_1\right)$	$\dfrac{2}{3}\mu\lambda+\dfrac{8}{9\pi}$	$\begin{cases} \dfrac{2}{3}\mu\lambda\left[1+\dfrac{8}{3}\zeta\psi+\psi^2\right]+\dfrac{L_1}{6}-\dfrac{L_0}{9}\dfrac{\zeta}{\mu\lambda} & (\psi\le 1) \\[2mm] \dfrac{2}{3}\mu\lambda\left[\dfrac{4}{3}\zeta+2\psi+\dfrac{4}{3}\zeta\psi^2\right]+\dfrac{L_1}{6}-\dfrac{L_0}{9}\dfrac{\zeta}{\mu\lambda} & (\psi>1) \end{cases}$ T_5
		$\beta=1,\ \theta=1$	$\beta=\theta-r_S\zeta\psi,\ \theta\approx 1$

注:摩擦项中水深变化的影响可通过设置参数 Γ 中的 $\kappa=1$,反之 $\kappa=0$ 则不考虑水深的变化;参考文献:1. Savenije(1998);2. Horrevoets 等(2004);3. Savenije 等(2008);4. Cai 等(2012b);5. Lorentz(1926);6. Dronkers(1964);7. Godin(1991,1999);8. Cai 等(2012a)。

式中，$\overline{B}_r$ 为河口宽度的渐近大小，用于考虑河口宽度辐聚效应较强且河口长度较大时的情况。河口长度设置为 2000 km。同时，在数值模型中设置上游靠近上边界的河段一定的底床坡度且摩擦糙率较大，用于消除上边界引起的反射效应。

图 6.3 为数值模型计算所得潮平均水位与通过式（6.26）计算所得解析值的对比，考虑有流量（5000 m^3/s）和没有流量影响两种情况。为简化计算，式（6.26）中拉格朗日流速 V 采用欧拉流速 U 替代。由图 6.3 可见，两种计算方法所得潮平均水位吻合较好，偏差主要是由于采用的欧拉流速来计算式（6.26）中的摩擦项。受流量影响，由图 6.3 可见余水位坡度明显增大，表明当流量影响较大时，非线性摩擦项对潮平均水位具有较大影响。

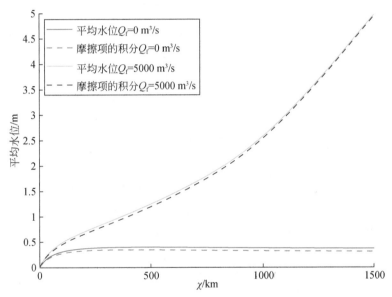

图 6.3　数值模型和式（6.26）计算所得潮平均水位的对比

$K = 60\ m^{1/3}/s, b = 352\ km, \overline{h} = 10\ m, \overline{B}_0 = 5000\ m, \overline{B}_{min} = 300\ m$

6.4　流量影响下的潮波传播解析理论框架

6.4.1　流量影响下潮波传播解析解

上述各种方法得到的潮波振幅梯度方程要与相位方程、尺度方程和传播速度方程(表6.2)相结合形成一个非线性方程组：

$$\tan(\varepsilon) = \frac{\lambda}{\gamma-\delta} \tag{6.28}$$

$$\mu = \frac{\sin(\varepsilon)}{\lambda} = \frac{\cos(\varepsilon)}{\gamma-\delta} \tag{6.29}$$

$$\lambda^2 = 1-\delta(\gamma-\delta) \tag{6.30}$$

通过这一组新的非线性方程组得到考虑流量影响的潮波传播解析模型。式(6.28)和式(6.29)相结合可消除变量 ε(Savenije et al.,2008)：

$$(\gamma-\delta)^2 = \frac{1}{\mu^2}-\lambda^2 \tag{6.31}$$

主要无量纲潮波变量(即 μ、δ、λ、ε)的显示解析解只有在一些特定情况下才能得出(Toffolon et al.,2006；Savenije et al.,2008)，其通解需要通过迭代过程才能得到。计算步骤如下：①首先假设流量 $Q_f = 0$，采用潮优型河口解析解(Cai et al.,2012a)计算得到流速参数 μ、传播速度参数 λ 和流速振幅 υ，以及相应的无量纲流量参数 φ；②考虑流量 Q_f 对潮波传播的影响，采用简单的牛顿-拉普森迭代法解方程组式(6.11)、式(6.30)和式(6.31)可得更新后的衰减/增大参数 δ、传播速度参数 λ、流速参数 μ、流速振幅 υ 及 φ；③重复上述过程直到计算结果收敛，然后计算其他参数(如 ε、η、υ)。

值得注意的是4个主要无量纲潮波变量 μ、δ、λ 和 ε 均是局部解，这主要是因为它们均是通过求解非线性方程组得到，而方程组的自变量为沿程变化的局部变量(即局部的无量纲潮波振幅 ζ、河口形状参数 γ 和摩擦参数 χ)。为得到沿程主要潮波变量的解，采用分段方法考虑沿程变化的地形和动力参数(如 Toffolon and Savenije,2011)。给定计算衰减/增大参数 δ，距口门边界 Δx(如 1 km)距离处的潮波振幅 η_1 可通过以下线性积分公式计算：

$$\eta_1 = \eta_0+\frac{d\eta}{dx}\Delta x = \eta_0+\frac{\eta_0\omega\delta}{c_0}\Delta x \tag{6.32}$$

在拉格朗日体系下，假设水粒子流速为一简谐运动，潮平均摩擦项可通过高潮位和低潮位的摩擦值进行估算：

$$\frac{\overline{V|V|}}{K^2 h^{4/3}} \approx \frac{1}{2}\left[\frac{V_{HW}|V_{HW}|}{K^2(\bar{h}+\eta)^{4/3}}+\frac{V_{LW}|V_{LW}|}{K^2(\bar{h}-\eta)^{4/3}}\right] \tag{6.33}$$

将6.3节中描述的各种摩擦项的近似公式代入式(6.33)，结合式(6.26)可得相应的潮平均水深的计算公式：

$$\bar{h}_{new}(x) = \bar{h}(x)+\bar{z}(x) \tag{6.34}$$

该水深将进一步修正河口形状参数。采用式(6.34)和上述的迭代流程可得考虑余水位坡度影响的河口沿程主要无量纲潮波变量。

6.4.2　不同解析方法之间的对比

表6.3为采用不同线性化摩擦项方法得到的相应的考虑流量和未考虑流量的潮波振幅梯度方程。将$\varphi=0$代入上述公式,并借助相位差方程和尺度方程,可得与表6.2相对应的潮波振幅梯度方程(Cai et al.,2012a)。

图6.4为主要无量纲潮波变量随无量纲流量参数φ的变化,其中$\zeta_0=0.1$、$\gamma=1.5$、$\chi=2$、$r_S=1$。由图6.4可知,不同方法所得解析解随着流量的增大均趋于相同的渐近解,这是由于当河流比潮流占优势且流速不再双向流动时,不同的二次流速项$U|U|$近似公式均趋于U^2。事实上,由表6.3可见,当φ趋于无穷大时,摩擦项T_1、T_2和T_5中的参数Γ趋于$(4/3)\zeta\varphi^2/(\mu\lambda)$。由图6.4还可见,混合性方法所得结果介于线性化和准非线性化方法之间,因为混合性方法所得衰减/增大方程

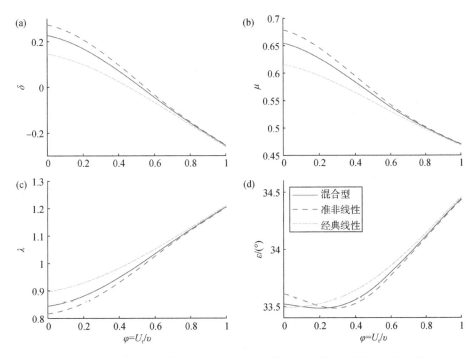

图6.4　不同解析模型计算所得主要无量纲参数(衰减/增大参数δ、流速参数μ、传播速度参数λ和相位差ε)随无量纲流量参数φ的变化

$$\zeta_0=0.1;\gamma=1.5;\chi=20;r_S=1$$

是通过这两种方法各取一定权重得到的。此外,当 φ 值较大时,各种方法均趋于同一个解析解。

值得注意的是,不同方法所采用的无量纲摩擦系数 f[即式(6.35)]是不同的,主要取决于是否考虑摩擦项中变化的水深。包络线方法能够考虑摩擦项中变化的水深,而原始的洛伦兹线性化方法假设摩擦项中的水深恒定,等同于式(6.9)中 $\zeta=0$:

$$f_0 = g/(K^2 \bar{h}^{1/3}) \tag{6.35}$$

潮波振幅梯度方程中考虑摩擦项中变化的水深主要跟式(6.9)中的 ζ 有关(表6.3)。

6.4.3　敏感性分析

本章这一小节主要探讨摩擦和河道地形辐聚效应对主要无量纲潮波变量的影响。本章中提到的所有方法都可用,以下仅以混合性方法为例。

图6.5 为给定不同无量纲流量参数 φ 条件下,4 个主要无量纲潮波变量(即衰

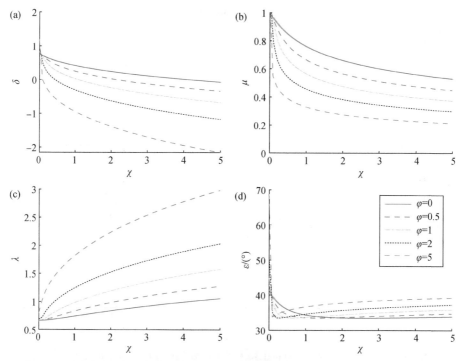

图6.5　不同无量纲流量参数 φ 条件下通过解方程组式(6.11)、式(6.30)和式(6.31)
得到主要潮波无量纲参数和摩擦参数 χ 之间的关系
$\Gamma = \Gamma_{\mathrm{H}}; \zeta_0 = 0.1; \gamma = 1.5; r_{\mathrm{S}} = 1$

减/增大参数 δ、流速参数 μ、传播速度参数 λ 和相位差 ε)随摩擦参数 χ 的变化,其中 $\zeta_0=0.1$、$\gamma=1.5$、$r_S=1$。一般来说,流量增大将增大摩擦效应,即增大潮波衰减效应(相应地减小流速振幅和传播速度)。相位差 $\varepsilon=\arcsin(\mu\lambda)$ 一般随着 φ 的增大而增大,但当 χ 较小时变化趋势刚好相反,这主要是由于此时 λ 随 φ 的增大而减小。假如 χ 很小,则潮波振幅梯度方程[式(6.11)]分子中的流量项可忽略,但此时 β 则变得重要。在这种情况下,流量越大则相位差越小。事实上,对于无摩擦河口($\chi=0$),潮波振幅梯度方程[式(6.11)]可简化为 $\delta=\mu^2\gamma\theta/(1+\mu^2\beta)$,其中 β 随着流量增大而减小。

摩擦参数 χ 也是无量纲潮波振幅 ζ 的函数(表6.1)。为了显示 ζ 的影响,引入不随时间变化的参考摩擦参数 χ_0,定义为

$$\chi_0=\chi[1-(4\zeta/3)^2]/\zeta=r_S g c_0/(K^2\omega\,\bar h^{4/3}) \tag{6.36}$$

图 6.6 显示无量纲潮波振幅 ζ 对主要潮波变量的影响,其中 $\chi_0=20$、$\gamma=1.5$、$r_S=1$。ζ 增大将加大流量和摩擦的效应,进而增强潮波衰减效应,减小流速振幅和

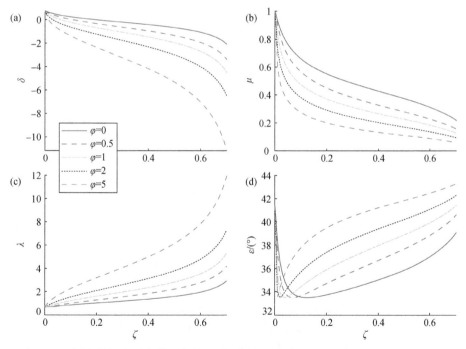

图 6.6　不同无量纲流量参数 φ 条件下通过解方程组式(6.11)、式(6.30)和式(6.31)
得到主要潮波无量纲参数和无量纲潮波振幅 ζ 之间的关系

$\Gamma=\Gamma_H;\chi_0=20;\gamma=1.5;r_S=1$

传播速度,增大高潮位和高潮憩流(或低潮位和低潮憩流)之间的相位差。对于较小的 ζ 值,相位差由于 β 的影响随着流量增大反而减小。

图6.7 显示不同无量纲流量参数 φ 条件下4个主要无量纲潮波变量随河口形状参数 γ 的变化,其中 $\zeta_0=0.1$、$\chi_0=20$、$r_S=1$。一般而言,一方面,潮波振幅梯度参数 δ 和流速参数 μ 随着流量增大而减小,表明潮波衰减效应增强,流速振幅减小。另一方面,传播速度参数 λ 随着流量增大而增大,因此传播速度减小。对于相位差 ε,由图6.7(d)可见,对于较小的 γ,其值随着流量增大而减小,而对于较大的 γ,其值反而随着流量增大而增大。以上结果与潮优型河口4个主要无量纲潮波量变与摩擦参数 χ 的关系类似(Cai et al.,2012a),表明流量对潮波传播的影响主要是增大摩擦效应。

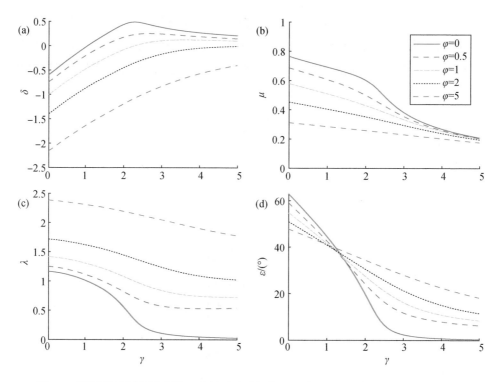

图6.7　不同无量纲流量参数 φ 条件下通过解方程组式(6.11)、式(6.30)和式(6.31)
得到主要潮波无量纲参数和河口形状参数 γ 之间的关系
$\Gamma=\Gamma_H$；$\zeta_0=0.1$；$\chi_0=20$；$r_S=1$

从解析理论的角度,可证明流量对潮波传播影响跟摩擦参数 χ 影响作用机制是类似的。以准非线性理论为例,定义 χ_r 为流量引起的摩擦参数,则潮波振幅梯度

式(6.11)可改写为[当 $\varphi < \mu\lambda$, 见式(6.14)]

$$\delta = \frac{\mu^2}{1+\mu^2\beta}\left[\gamma\theta - (\mu\lambda)^2\chi\left(1+\frac{8}{3}\zeta\frac{\varphi}{\mu\lambda}+\left(\frac{\varphi}{\mu\lambda}\right)^2\right)\right] = \frac{\mu^2}{1+\mu^2\beta}\left[\gamma\theta - (\mu\lambda)^2\chi_r\right] \quad (6.37)$$

上式表明流量对潮波衰减的影响本质上是对摩擦项增加一个校正系数,该系数是 φ 的函数。将 χ_r 改写为 $\chi_r = \chi + \Delta\chi_r$,可用于估算流量对摩擦项的影响:

$$\frac{\Delta\chi_r}{\chi} = \frac{8}{3}\zeta\frac{\varphi}{\mu\lambda}+\left(\frac{\varphi}{\mu\lambda}\right)^2 \quad (6.38)$$

该式可定量不考虑流量影响情况下所需要增加的摩擦。事实上,增大 φ 值和增大 χ 值有类似的效果,因此模型中不考虑流量 Q 的影响时,需要人为调整曼宁系数的倒数 K。

6.4.4　解析解和数值解的对比

采用一维水动力数值模型验证混合性解析模型的表现。由于河宽宽度辐聚采用式(6.27)进行近似,其辐聚长度将随距离发生变化:

$$\gamma_b = \frac{c_0(\bar{B}_0 - \bar{B}_r)\exp(-x/b)}{b\omega[\bar{B}_r + (\bar{B}_0 - \bar{B}_r)\exp(-x/b)]} \quad (6.39)$$

考虑流量影响时,一般还需要考虑由于余水位坡度引起的水深辐散项,特别是底床为水平情况时:

$$\gamma_d = -\frac{c_0}{\omega}\frac{1}{\bar{h}}\frac{d\bar{h}}{dx} \quad (6.40)$$

因此,河口形状参数为

$$\gamma = \gamma_b + \gamma_d \quad (6.41)$$

图 6.8 显示是否考虑水深辐散(分别用"div"和"nodiv"表示)的两种解析模型与数值模拟结果的对比,其中流量 $Q_f = 0$ 和 5000 m³/s,口门处的无量纲潮波振幅为 $\zeta_0 = 0.2$ 和 0.5。由图 6.8 可见,在河口下游流量影响较小的区域,解析模型与数值模拟结果基本一致,表明潮优型河口假设流量和余水位坡度可忽略的假设是基本合理的。对于流量为 0 的情况,由图 6.8 可知考虑水深辐散的解析模型与数值模拟结果较为一致,特别是在河口上游,这主要是由于非线性摩擦的影响。对于流量为 5000 m³/s 的情况,由图 6.8 可知解析模型需考虑水深辐散才能准确地模拟潮波传播衰减的基本过程。随着无量纲潮波振幅的增大,由图 6.8 还可见不考虑余水位坡度的解析模型偏离数值模拟结果将增大,而考虑水深辐散的解析模型与

数值模拟结果基本一致。然而,解析模型结果始终与数值模拟有一定的差异,这是因为解析模型没有考虑潮波的传播变形(如倍潮波的影响)。

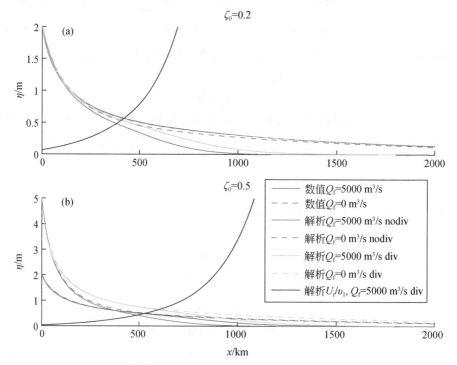

图 6.8　数值模型和不同解析模型计算所得结果的对比

$K=60$ m$^{1/3}$/s,$b=352$ km,$\bar{h}=10$ m,$\bar{B}_0=5000$ m,$\bar{B}_r=300$ m,$\zeta_0=0.2$(a)或$\zeta_0=0$(b);

黑色实线表示径流流速与流速振幅的比值;'nodiv'表示模型没有考虑余水位坡度的影响,

而'div'表示模型采用 6.5 节中的方法考虑余水位的影响

6.5　解析模型在珠江磨刀门和长江河口的应用

基于推导得到的潮波振幅梯度式(6.11),采用混合性解析方法($\Gamma=\Gamma_H$)并应用到流量影响显著的珠江磨刀门和长江河口,将理论值与实测值进行对比。磨刀门是珠江三角洲西江干流的下游区域,其上游马口水文控制站年均实测流量为 7115 m^3/s(Cai et al.,2012a)。长江河口是长江流域的下游区域,其上游大通水文控制站年均实测流量为 28310 m^3/s(Zhang et al.,2012)。

解析模型计算所需的 3 个自变量分别是γ、χ_0和φ。在给定动力边界条件(即口门处的潮波振幅和上游的流量)和地形边界条件下,可分别计算γ、χ_0和φ。将这 3 个自变量代入由式(6.11)、式(6.28)～式(6.30)组成的方程组并通过迭代计算可得解析解。河口沿程的潮波振幅可通过衰减/增大参数δ的线性积分(积分长度为1km)得到。

表6.4为珠江磨刀门和长江河口解析模型所用的地形和动力边界条件,包括率定和验证两种情况。河口断面面积的辐聚长度由式(6.1)拟合得到,其中江心洲两边的河道合并计算相应的断面面积(Nguyen and Savenije,2006;Zhang et al.,2012)。模型率定得到的边滩系数r_S和曼宁系数的倒数K见表6.5。一般来说,边滩系数r_S为1～2(Savenije,2005,2012)。由于长江河口河床主要以淤泥质为主,其率定的曼宁系数的倒数K(70 m$^{1/3}$/s)相比磨刀门河口(河床以沙质为主)要来得大,而磨刀门河口中部河段所用K值较大(摩擦糙率较小),可能与江心洲引起的并行河道有关(Cai et al.,2012b)。

表6.4 珠江磨刀门和长江河口的地形和动力边界特征值

河口	河段/km	水深 $\bar{h}$/m	辐聚长度 a/km	口门处振幅/m		流量 Q/(m³/s)	
				率定	验证	率定	验证
磨刀门	0～43	6.3	106	1.31	1.09	2259	2570
	43～91	7	无穷大				
	91～150	10.3	110				
长江	0～34	7	42	1.8	2.3	13100	17600
	34～275	9	140				
	275～600	11	200				

表6.5 解析模型率定参数

河口	河段/km	边滩系数 r_S	曼宁系数的倒数 K/(m$^{1/3}$/s),Q_f>0	曼宁系数的倒数 K/(m$^{1/3}$/s),Q=0
磨刀门	0～43	1.5	48	45
	43～91	1.4	78	75
	91～150	1.3	35	30
长江	0～34	1.8	70	70
	34～275	1	70	70
	275～600	1	45	26

图6.9为解析模型计算得到的磨刀门河口沿程潮波振幅、传播时间(包括高潮位和低潮位)和衰减/增大参数。其中,2001年2月8～9日的实测潮波振幅和传播速度用于模型的率定,而2002年12月5～6日的实测值用于模型的验证。考虑

与未考虑流量影响的解析模型在给定合适的率定参数后均可用于反演主要潮波传播变量的沿程变化。但是,未考虑流量影响的解析模型在河口上游需要采用明显较低的曼宁系数的倒数。由表 6.5 可见,假如不考虑流量影响,磨刀门河口上游 $(91 \sim 150 \ \text{km})K = 30 \ \text{m}^{1/3}/\text{s}$。图 6.9 还对比了采用相同摩擦系数情况下两种解析模型的计算结果。在河口下游,两种模型的计算结果基本一致[图 6.9(c)、(f)中的无量纲衰减/增大参数],但在河口上游流量影响较大的河段,计算结果明显不同,即不考虑流量影响的解析模型明显低估了潮波的衰减效应。

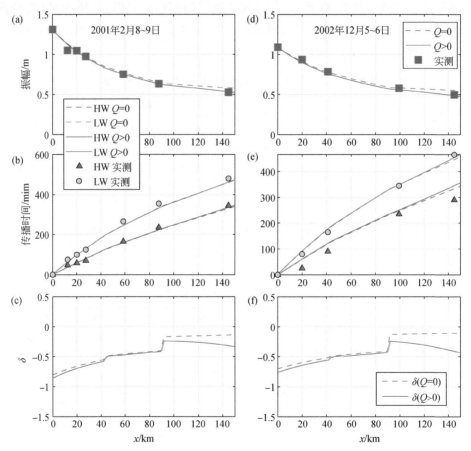

图 6.9　磨刀门河口两种不同解析模型计算得到的潮波振幅[(a)、(d)]和传播时间[(b)、(e)]
与实测值之间的对比(2001 年 2 月 8 ~ 9 日用于模型率定,2002 年 12 月 5 ~ 6 日用于模型验证),
以及无量纲潮波振幅衰减/增大参数[(c)、(f)]之间的对比
虚线和实线分别表示不考虑和考虑流量影响的解析模型结果,两种模型均采用考虑
流量影响的解析模型所用的摩擦参数

由图 6.10 可见,解析模型计算的潮波振幅与长江口的实测值吻合较好,其中 2006 年 12 月 21～22 日的实测值用于模型率定,2003 年 2 月 18～19 日的实测值用于模型验证。对于传播时间,由图 6.10 可见,解析模型计算的高潮位的传播时间与实测值吻合较好,而解析模型计算的低潮位传播时间明显小于实测值。这主要与解析模型假设高、低潮位的传播速度相对平均传播速度来说是对称的假设有关(见附录 F),而实际河口由于流量的影响,潮波发生变形导致高、低潮位传播速度不对称。假如解析模型中不考虑流量影响,则在河口上游(275～600 km)需采用较小的曼宁系数的倒数($K=26 \ \mathrm{m}^{1/3}/\mathrm{s}$)来抵消流量的影响。

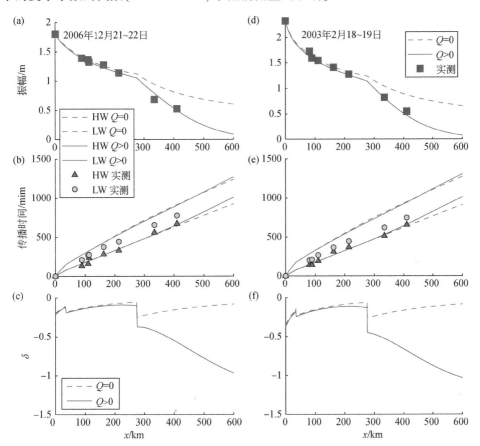

图 6.10　长江河口两种不同解析模型计算得到的潮波振幅[(a)、(d)]和传播时间[(b)、(e)]与实测值之间的对比(2006 年 12 月 21～22 日用于模型率定,2003 年 2 月 18～19 日用于模型验证),以及无量纲潮波振幅衰减/增大参数[(c)、(f)]之间的对比

虚线和实线分别表示不考虑和考虑流量影响的解析模型结果,两种模型均采用考虑流量影响的解析模型所用的摩擦参数

6.6 小 结

本章在 Cai 等(2012b)提出的潮优型河口潮波传播解析理论框架的基础上进一步拓展并考虑流量对潮波传播的影响机制。采用不同的二次流速项近似公式,并代入潮波传播的包络线推导方法(Savenije,1998),将高潮位和低潮位包络线的解析表达式进行相减可得相应的考虑流量影响的潮波振幅梯度方程。该方程与相位差方程、尺度方程和波速方程相结合,可通过迭代算法求得 4 个主要无量纲参数,分别对应流速振幅参数 μ、潮波振幅梯度参数 δ、波速参数 λ、高潮位与高潮憩流(或低潮位与低潮憩流)的相位差 ε。因此,在给定地形、底床摩擦、口门潮波振幅和上游流量条件下,可通过解析模型反演流量影响下主要潮波传播变量的沿程变化。

第7章 河优型河口水面线的形成变化机制

7.1 引　　言

研究回水效应影响下的潮波传播过程是河口动力学研究的重要内容。所谓回水效应是指下泄流量受下游水体阻隔,在径流和潮汐共同作用下形成的水位沿程增大的现象。一般来说,回水效应可用一维动量守恒方程中的水面坡度来定量描述。不少学者通过忽略动量守恒方程中的一项或某几项来研究明渠水流中的回水效应(详细可参考 Dottori et al.,2009 的综述)。其中,最为有名的是 Jones 提出的水面坡度公式(Jones,1916),描述水面坡度随流量和地形特征参数(如底床坡度、断面横截面积、水力半径和曼宁摩擦系数)的变化。然而,经典的回水效应忽略潮汐动力的影响(如 Lamb et al.,2012),因此,径潮动力相互作用条件下水面线的形成变化机制还有待进一步深入探讨。

在海洋潮汐和流域径流两大主要动力的协同作用下,河口余水位因其动量方程中的各项因子的差异而呈现多时空尺度变化,因此,余水位的分解是揭示其形成变化机制的关键,亦是探讨河口复杂径潮相互作用及潮波衰减的有效手段。研究表明,动量守恒方程中余水位梯度(即余水位沿 x 轴方向的一阶导数)主要与非线性摩擦项相平衡(Buschman et al.,2009;Sassi and Hoitink,2003;Cai et al.,2014)。余水位梯度的时空变化直接反映河口区径潮动力非线性作用的时空多变性。本章基于流量影响下潮波传播及衰减的解析理论,通过切比雪夫线性分解非线性摩擦项,推导得到流量分量、径潮动力相互作用分量及潮汐动力非线性分量对余水位梯度的贡献率,从而揭示径潮动力耦合作用下的河口水面线(即余水位纵剖面线)的形成变化机制。

7.2　流量影响下的潮波传播解析解

7.2.1　河口地形沿程变化及其概化

在一维水动力解析解推导中,需要对河口地形(即断面横截面积、河宽、水深)的沿程变化进行适当概化,常用的函数有:沿程不变(如 Ippen,1966)、线性函数(如 Gay and O'Donnell,2007,2009)、幂函数(Prandle and Rahman,1980)或指数函数(Savenije,1998,2001,2005,2012)。在这些函数中,指数函数在描述潮平均条件下断面的横截面积、河宽、水深时最为常见,特别是在描述具有典型喇叭形状的潮优型河口时。然而,真实河口的断面横截面积和河宽随距离增大并不辐聚至零,而是趋近于一个恒定值。为了更好地描述真实河口的几何形状,采用如下公式描述断面横截面积 $\bar{A}$ 和河宽 $\bar{B}$ 的沿程变化(如 Toffolon et al.,2006;Cai et al.,2014a):

$$\bar{A} = \bar{A}_r + (\bar{A}_0 - \bar{A}_r)\exp\left(-\frac{x}{a}\right) \tag{7.1}$$

$$\bar{B} = \bar{B}_r + (\bar{B}_0 - \bar{B}_r)\exp\left(-\frac{x}{b}\right) \tag{7.2}$$

式中,x 为从口门往上游延伸的距离,规定向河流方向为正;$\bar{A}_0$ 和 $\bar{B}_0$ 分别为河口口门处潮平均的断面横截面积和河宽;$\bar{A}_r$ 和 $\bar{B}_r$ 分别为向上游最终趋近的断面横截面积和河宽;a 和 b 分别为断面横截面积和河宽的辐聚长度。这种近似拟合的优点在于,不仅能反映感潮河段下游的喇叭形状,而且能反映上游的近似棱柱形状的河道变化。假设断面横截面为矩形,则潮平均水深为 $\bar{h} = \bar{A}/\bar{B}$。图 7.1 为不同河宽辐聚长度条件下河口平面形态的变化。由图 7.1 可知,采用该方法不需要设置用于表示从喇叭状到棱柱状河道形态变化的转折点。

7.2.2　潮波传播的解析模型

在感潮河道中,余水位沿河道方向逐渐抬升(Godin and Martinez,1994),且随着上游流量增大而增大。解析模型是反演流量影响下潮波传播的有效方法,可用于探讨余水位的形成变化机制及量化潮汐、径流和径潮相互作用对余水位抬升的

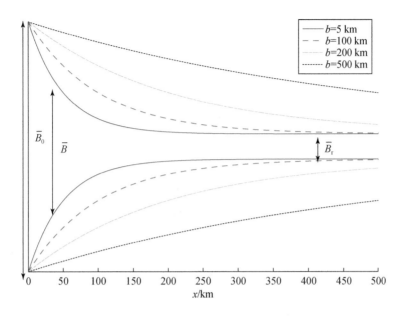

图 7.1　不同河宽辐聚长度 b 条件下河口平面形态[式(7.2)]的变化

$$\overline{B}_0 = 10 \text{ km}, \overline{B}_r = 1 \text{ km}$$

影响。动量守恒方程中由于密度梯度引起的斜压项,在盐水入侵影响区域内对余水位的贡献仅为 1.25%(Savenije,2005,2012)。长江河口由密度梯度形成的水位上升约为 0.12 m(对应河口水深 9.5 m,盐水入侵距离约 50 km)。密度梯度引起的水位坡降(约 3.0×10^{-8})与流量造成的摩擦耗散相比为小量,因此,斜压项对余水位坡度的影响可忽略。

Cai 等(2014a,2014b)指出感潮河段的潮汐特征值主要由以下四个无量纲常数控制(表7.1):ζ 为无量纲潮波振幅(代表口门处的边界条件),γ 为河口地形参数(代表河口断面横截面积的辐聚程度),χ 为摩擦参数(代表摩擦耗散),以及无量纲流量参数 φ(代表流量的影响)。表中 η 为潮波振幅,υ 为流速振幅,U_r 为径流流速,ω 是潮波频率,g 是重力加速度,K 是曼宁摩擦系数的倒数,r_S 是满潮河宽与潮平均河宽的比值(通常为 1~2),c_0 为无摩擦棱柱形河口的传播速度,计算公式为 $c_0 = \sqrt{g\overline{h}/r_S}$。在计算河口水面线时,采用 Cai 等(2014b)定义的河口形态参数,与原参数相比,增加了一个变化系数为 $1 - \overline{A}_r/\overline{A}$。

表 7.1　解析模型所用的无量纲参数

自变量	因变量
潮波振幅：$\zeta = \eta/\bar{h}$	衰减/增大参数：$\delta = c_0\,\mathrm{d}\eta/(\eta\omega\mathrm{d}x)$
河口形状参数：$\gamma = c_0(\bar{A}-\bar{A}_r)/(\bar{\omega}a A)$	流速振幅参数：$\mu = \upsilon/(r_S\zeta c_0) = \bar{\upsilon}h/(r_S\eta c_0)$
摩擦参数：$\chi = r_S g c_0 \zeta\left[1-(4\zeta/3)^2\right]^{-1}/(\omega K^2\bar{h}^{4/3})$	传播速度参数：$\lambda = c_0/c$
流量参数：$\varphi = U_r/\upsilon$	相位差：$\varepsilon = \pi/2 - (\phi_A - \phi_V)$
$\beta = \theta - r_S\zeta\varphi/(\mu\lambda),\ \theta = 1 - (\sqrt{1+\zeta}-1)\varphi/(\mu\lambda)$	

潮波传播的解析解通过解四个隐式方程得到，包括潮振幅衰减/增大方程、尺度方程、波速方程和相位差方程。主要潮波特征值由以下四个参数构成（表 7.1）：δ 表示河口沿程潮波振幅的增大（$\delta>0$）或减少（$\delta<0$）；μ 表示流速振幅参数，为实际流速振幅和矩形无摩擦河口情况下流速振幅的比值；λ 为波速参数，表示无摩擦棱柱形河口传播速度 c_0 与实际传播速度 c 的比值；ε 是高潮位和高潮憩流或低潮位和低潮憩流间的相位差，为 $0\sim\pi/2$，当 $\varepsilon=0$ 时潮波特性为驻波，$\varepsilon=\pi/2$ 时则为前进波。对于简谐波来说，相位差的计算式为 $\varepsilon=\pi/2-(\phi_A-\phi_V)$，其中 ϕ_A 表示水位的相位，ϕ_V 表示流速的相位（Savenije et al.，2008）。

解析模型的关键是采用"包络线"方法，通过高潮位和低潮位的包络线的解析表达式相减推导出潮波衰减或增大的解析表达式（详细推导可见 Cai et al.，2014b）。在拉格朗日参考系中，假设运动水粒子的速度 V 由径流引起的余流项 U_r 和由潮流引起的 U_t 组成：

$$V = U_t - U_r = \upsilon\sin(\omega t) - Q/\bar{A} \tag{7.3}$$

式中，t 为时间；Q 为流量（在潮波传播过程中视为恒定值）。在高潮位时的流速为

$$V_{HW} = \upsilon\sin(\omega t) - U_r = \upsilon\left[\sin(\varepsilon)-\varphi\right] \tag{7.4}$$

低潮位时的流速为

$$V_{LW} = -\upsilon\sin(\omega t) - U_r = -\upsilon\left[\sin(\varepsilon)+\varphi\right] \tag{7.5}$$

结合式（7.4）和式（7.5）及包络线方法，可得出潮波振幅梯度方程，用于描述在河口辐聚效应（$\gamma\theta$）和摩擦效应（$\chi\mu\lambda\Gamma$）作用下潮波振幅的增大或衰减：

$$\delta = \frac{\mu^2(\gamma\theta-\chi\mu\lambda\Gamma)}{1+\mu^2\beta} \tag{7.6}$$

式中，θ、β 和 Γ 为流量引起的摩擦效应，θ 和 β 的表达式可见表 7.1，Γ 表达式为

$$\Gamma = \frac{1}{\pi}\left[p_1 - 2p_2\varphi + p_3\varphi^2(3+\mu^2\lambda^2/\varphi^2)\right] \tag{7.7}$$

Γ 是基于切比雪夫多项式分解方法得到的摩擦系数（Dronkers，1964）。此时，动量

方程中的非线性摩擦项为

$$F = \frac{U|U|}{K^2 \, \bar{h}^{4/3}} \approx \frac{1}{K^2 \, \bar{h}^{4/3} \, \pi} (p_0 v^2 + p_1 v U + p_2 U^2 + p_3 U^3 / v) \tag{7.8}$$

式中，$p_i (i=0,1,2,3)$ 为切比雪夫因子（见 Dronkers,1964），将无量纲流量系数 φ 代入 $\alpha = \arcos(-\varphi)$ 后各因子的表达式为

$$p_0 = -\frac{7}{120} \sin(2\alpha) + \frac{1}{24} \sin(6\alpha) - \frac{1}{60} \sin(8\alpha) \tag{7.9}$$

$$p_1 = \frac{7}{6} \sin(\alpha) - \frac{7}{30}(3\alpha) - \frac{7}{30} \sin(5\alpha) + \frac{1}{10} \sin(7\alpha) \tag{7.10}$$

$$p_2 = \pi - 2\alpha + \frac{1}{3} \sin(2\alpha) + \frac{19}{30} \sin(4\alpha) - \frac{1}{5} \sin(6\alpha) \tag{7.11}$$

$$p_3 = \frac{4}{3} \sin(\alpha) - \frac{2}{3} \sin(3\alpha) + \frac{2}{15} \sin(5\alpha) \tag{7.12}$$

式中，系数 p_1、p_2 和 p_3 分别为一阶、二阶和三阶摩擦项的大小。由图 7.2 可见，p_0 与其他系数相比较小，通常可忽略。系数 p_1 和 p_2 先是随着 φ 增大而增大，在达到最大值后逐渐 p_1 收敛至 0，p_2 逐渐收敛至 $-\pi$。p_3 的值随着 φ 增大而减小，在 $\varphi>1$ 的情况下最终收敛至 0。当 $\varphi \geqslant 1$ 时，$p_0 = p_1 = p_3 = 0$，$p_2 = -\pi$，摩擦项式（7.8）变为 $F = U^2/(K^2 \, \bar{h}^{4/3})$。如果 $\varphi = 0$（或 $Q = 0$），代入 $p_0 = p_2 = 0$、$p_1 = 16/15$、$p_3 = 32/15$，式（7.8）可简化为

$$F = \frac{16}{15\pi} \frac{v^2}{K^2 \, \bar{h}^{4/3}} \left[\frac{U}{v} + 2\left(\frac{U}{v}\right)^3 \right] \tag{7.13}$$

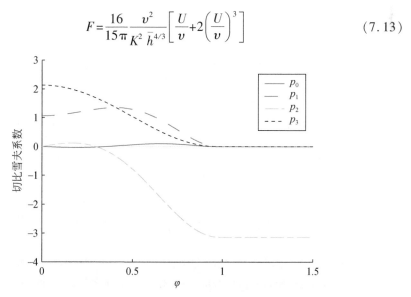

图 7.2　切比雪夫系数 $p_i (i=0,1,2,3)$ 随无量纲径流参数 φ 的变化

值得注意的是,潮波振幅梯度方程[式(7.6)]并未考虑潮汐和径流相互作用引起的潮汐不对称现象(即涨落潮不对称),这是因为在解析方法中水粒子在高潮位和低潮位的流速为简谐波流速与径流流速的线性叠加,见式(7.4)和式(7.5)。除式(7.6)外,其余三个无量纲方程式如下(Cai et al.,2014b)。

(1)尺度方程,描述相位差和传播速度影响下流速振幅和潮波振幅比值的变化:

$$\mu = \frac{\sin(\varepsilon)}{\lambda} = \frac{\cos(\varepsilon)}{\gamma - \delta} \tag{7.14}$$

(2)波速方程,表示河道辐聚效应和潮波增大/衰减效应对传播速度的影响:

$$\lambda^2 = 1 - \delta(\gamma - \delta) \tag{7.15}$$

(3)相位差方程,表示传播速度、辐聚效应和潮波振幅梯度效应对水位和流速间相位差的影响:

$$\tan(\varepsilon) = \frac{\lambda}{\gamma - \delta} \tag{7.16}$$

图7.3为通过解析式(7.6)、式(7.14)~式(7.16)得到的主要潮波特征参数的等值线图,其中输入参数 $\zeta = 0.1, \varphi = 0.5, r_S = 1$,用于显示不同河口形状参数 $(0 < \gamma < 4)$ 和摩擦参数 $(0 < \chi < 5)$ 变化情况下的结果。

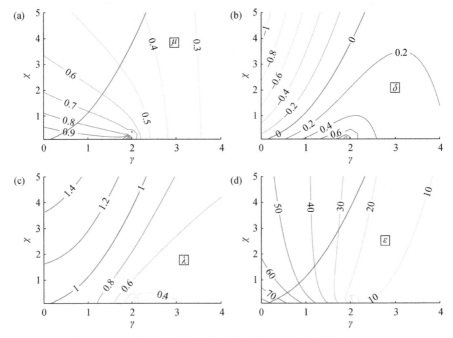

图7.3　四个无量纲因变量随着地形参数 γ 和摩擦参数 χ 的变化

(a)流速参数 μ;(b)衰减/增大参数 δ;(c)传播速度参数 λ;(d)相位差 ε;
$\zeta = 0.1, \varphi = 0.5, r_S = 1$,红色实线表示理想型河口解析解($\delta = 0, \lambda = 1$)

7.2.3　余水位的分解

忽略斜压项,假设断面平均流速呈周期性变化,基于一维动量守恒方程可得余水位梯度的表达式为(见 Vignoli et al.,2003;Cai et al.,2014a)

$$\frac{\partial \bar{z}}{\partial x}=-\bar{F}=-\overline{\frac{1}{K^2 \bar{h}^{4/3} \pi}(p_0 \upsilon^2+p_1 \upsilon U+p_2 U^2+p_3 U^3/\upsilon)} \qquad (7.17)$$

式中,$\bar{z}$ 为平均水位或余水位(图7.5)。将式(7.3)中总的流速项 V 代入式(7.17)的摩擦项 F 中,可得引起余水位增大的三个分量。
潮流分量:

$$\bar{F}_t=\frac{1}{K^2 \bar{h}^{4/3} \pi}\left(\frac{1}{2}p_2+p_0\right)\upsilon^2 \qquad (7.18)$$

径流分量:

$$\bar{F}_r=\frac{1}{K^2 \bar{h}^{4/3} \pi}(p_2-p_3\varphi)U_r^2 \qquad (7.19)$$

径潮相互作用分量:

$$\bar{F}_{tr}=\frac{1}{K^2 \bar{h}^{4/3} \pi}\left(-p_1-\frac{3}{2}p_3\right)\upsilon U_r \qquad (7.20)$$

图7.4 是在一定径流流速($U_r=0\sim2$ m/s)和流速振幅($\upsilon=0\sim2$ m/s)影响范围内余水位梯度的解析解,其中 $\bar{h}=10$ m,$K=45$ m$^{1/3}$/s。由图7.4可见,径流速度和流速振幅均使余水位梯度增大,进而引起余水位的沿程抬升。

假定口门边界处的余水位值为0(即 $x=0$ 时,$\bar{Z}=0$),通过对式(7.17)进行积分可得余水位的解析表达式:

$$\bar{z}=\int_0^x \frac{\partial \bar{z}}{\partial x}dx=-\int_0^x \bar{F}dx=-\int_0^x (\bar{F}_t+\bar{F}_r+\bar{F}_{tr})dx \qquad (7.21)$$

式(7.21)的解析解和数值计算结果相比,吻合程度较好,可用于重构河口余水位的沿程变化,详细过程可见 Cai 等(2014b)的第5部分。由于式(7.21)中 $\bar{F}_t$ 包含两个未知变量,即流速振幅 υ 和更新后的水深 $\bar{h}_{new}=\bar{h}+\bar{z}$(图7.5),因此,需要通过迭代算法计算出余水位。

Godin(1991,1999)在其径潮相互作用研究中采用无量纲流速的一阶和三阶项乘以流速的最大值(在本章中为 $\upsilon+U_r$),可对非线性摩擦项中的二次流速项 $V|V|$ 进

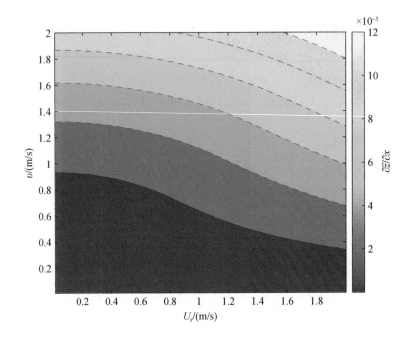

图 7.4　余水位梯度 $\partial \bar{z} / \partial x$ 随径流流速 U_r 和流速振幅 υ 的等值线变化图

其中潮平均水深 $\bar{h} = 10$ m,曼宁系数的倒数 $K = 45$ m$^{1/3}$/s

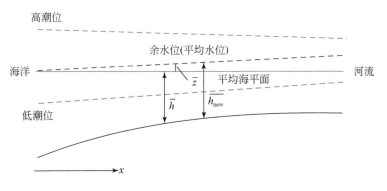

图 7.5　感潮河段余水位示意图(改自 Cai et al.,2014a)

行线性化处理。类似式(7.18)～式(7.20)的表达式可通过采用 Godin 提出的二次流速项的近似解得到。然而,由于 Godin 的近似解虽然在河口下游具有双向流的河段效果良好,但在河流控制段($\varphi > 1$),其近似解并不收敛于 V^2。因此,本章采用 Dronker 二次流速项的近似解,可用于描述整个河口的余水位变化。

7.2.4　河口沿程解析解的求解过程

无量纲参数 μ、δ、λ 和 ε 基于潮波振幅和水深的比值 ζ、河口形状参数 γ、摩擦参数 χ 和径流流速与流速振幅的比值 φ 计算得到,代表径潮动力的特征值。要重构径潮动力沿程变化,需采用分段方法,将整个河口分为多个河段,用于考虑河口断面的沿程变化(如水深、底床摩擦等)。对于每一小河段,在给定外海边界潮波振幅梯度参数 δ 和潮波振幅 η_0 情况下,距离边界上游 Δx(如 1 km)处的潮波振幅 η_1 可通过以下线性积分公式求得:

$$\eta_1 = \eta_0 + \frac{\mathrm{d}\eta}{\mathrm{d}x}\Delta x = \eta_0 + \frac{\eta_0 \omega \delta}{c_0}\Delta x \tag{7.22}$$

基于计算得到的潮波振幅和下一河段的河口形状特征参数(如水深),主要径潮动力特征值 δ、μ、λ 和 ε 可通过解由式(7.6)、式(7.14)~式(7.16)组成的方程组得到。上述计算步骤可不断重复,进而得出河口沿程主要径潮动力的特征值。上述方程表明本章提出的解析方法能够计算任意剖面的底床形态。

7.3　解析模型在长江河口的应用及余水位形成演变机制

7.3.1　研究区域概况

长江是中国最大和最长的河流,发源于青藏高原,最后注入东海(图 7.6)。长江河口具有分汊结构,从下游的徐六泾起,崇明岛将长江分为北支和南支。南支是径流和泥沙下泄至东海的主要通道,北支几乎不与主通道相连,相对独立(Zhang et al.,2012)。因此,本章只考虑南支作为潮波传播的主要通道,而北支注入南支的水流、盐度和泥沙对径潮相互作用的影响均忽略不计。

长江河道从口门处横沙潮位站,到上游大通站(枯季潮区界)全长约 600 km。长江河口属于中潮河口,口门处平均潮差和最大潮差分别为 2.67 m 和 4.62 m。半日潮为主要分潮,口门处的平均涨、落潮历时分别为 5 h 和 7.4 h(Zhang et al., 2012)。基于大通水文站 1950~2012 年的观测资料,年平均径流量为 28200 m^3/s,且月均流量在 7 月达到最大值 49500 m^3/s,最低值出现在 1 月,为 11300 m^3/s。长

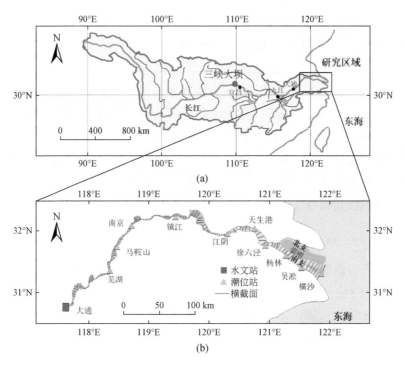

图 7.6　长江流域(a)和长江河口(b)位置图

江的河口系数(即 Canter-Cremers 系数,表示一个潮周期内淡水和盐水的比例)在平均大潮期间,枯季时段约为 0.1,洪季时段约为 0.24,表明枯季南支出现盐淡水部分混合的现象。长江口在枯季阶段,特别是枯季大潮期间河口为强混合状态,此时河口系数小于 0.1(Zhang et al.,2011)。

7.3.2　长江河口的地形

　　本章采用的主要地形参数(包括相对平均海平面的断面横截面积、河宽和水深)来源于 2007 年测量的长江河口数字高程模型(DEM),并均转换至国家 1985 黄海基准面。图 7.7 为长江河口的地形特征参数(断面横截面积、河宽度和水深)沿程变化及其拟合曲线。断面横截面积和河宽由式(7.1)和式(7.2)拟合得出,均以指数形式向河道上游恒定断面收敛。值得注意的是,一般的指数函数(收敛于 0)方法仅适用于分为两段的河口情况,即在口门区域辐聚明显,而靠近上游河段趋于棱柱形状,即河口由喇叭状变为棱柱河道,中间存在明显的分界点(如 Cai et al.,2014)。而根据式(7.1)和式(7.2),可将河口作为一个整体进行描述,仅用一个辐聚长度来描述,其中断面横截面积和河宽的辐聚长度分别为 a 和 b。由图 7.7 可见,潮平均水深向上游逐渐增大,直到 $x=245\ \text{km}$ 处(江阴和镇江之间,见图 7.6),之后水深下降并收敛为常数。图 7.7 中水深 $\bar{h}$ 表示相对于平均海平面高度的水深,实际水深 $\bar{h}_{\text{new}}$ 则由 7.2.3 节中的迭代算法求得。具体的断面形态参数见表 7.2,表中 R^2 为相关系数(用于衡量拟合程度),$R^2>0.95$ 表明地形拟合效果好。其中,断面横截面积的辐聚长度为 117 km,较河宽的收敛大($b=103\ \text{km}$)。

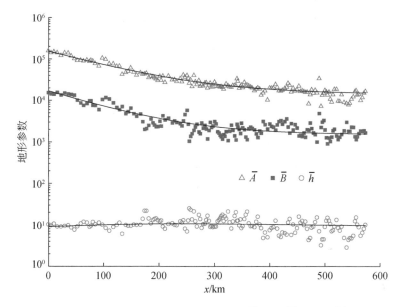

图 7.7　长江河口地形特征参数(断面横截面积 $\bar{A}$、河宽 $\bar{B}$ 和水深 $\bar{h}$)沿程变化

实线代表最佳拟合曲线

表 7.2　长江河口的特征形态参数

参数	河流端($\bar{A}_r/\bar{B}_r$)	口门处($\bar{A}_0/\bar{B}_0$)	辐射长度(a/b)	R^2
断面横截面积	14113 m²	154061 m²	117 km	0.98
河宽	1509 m²	16897 m²	103 km	0.95

7.3.3　一维水动力解析模型的率定和验证

解析解与长江河口沿程实测潮波振幅和余水位数据的对比结果可用于验证解

析模型的效果。其中实测数据收集于 2012 年 2 月(2012 年 2 月 6 ~ 26 日,代表枯季)和 8 月(2012 年 8 月 10 ~ 26 日,代表洪季)。不同潮文站的观测值已校正至国家 1985 黄海基准面。潮波振幅为涨潮振幅和落潮振幅的平均值。图 7.8 显示洪枯两季口门边界处(横沙潮位站)的实测潮波振幅和上游边界(大通水文站)的流量数据。观测值均为潮平均值,且覆盖一个大小潮周期的时间。由图 7.8 可见,枯季流量为 14850 ~ 15900 m³/s,洪季流量为 46500 ~ 59000 m³/s,洪季流量远大于枯季。潮波振幅反映出长江河口具有不正规的半日潮特征,在一天中有两个涨落潮。图 7.8 中的锯齿线表示一天中两个潮周期的潮波振幅相差较大。

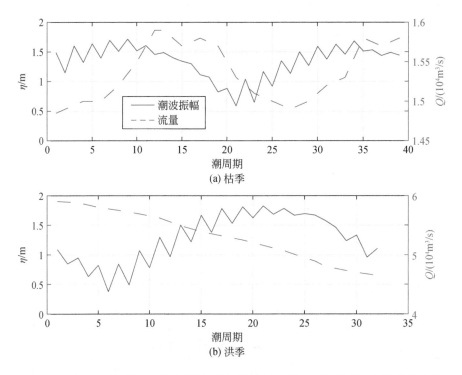

图 7.8　长江河口枯、洪季口门处横沙站潮波振幅和上游大通站流量的逐潮周期变化

　　采用长江河口沿程九个站点(图 7.6)大小潮周期内潮波振幅和余水位观测数据验证解析模型。图 7.9 为长江河口沿程潮位站点洪枯两季潮波振幅和余水位实测值与解析模型计算值的对比,由图可见计算值与实测值吻合较好,表明解析模型能有效重构长江河口主要径潮动力的沿程变化。图 7.9 中的点偏离 1∶1 标准直线说明解析模型存在误差,而误差出现的主要原因是解析模型中概化的地形无法重现实际河道中可能出现的沙洲或河床截面积突然放宽或缩窄的情况。

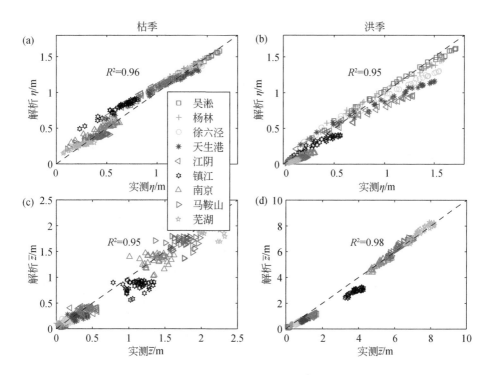

图 7.9　解析模型计算潮波振幅 η 和余水位 $\overline{z}$ 与长江河口沿程各站实测值之间的对比
枯季观测时段为 2012 年 2 月 6～26 日,洪季观测时段为 2012 年 8 月 10～26 日

模型验证后曼宁摩擦系数的倒数 K 值在口外海滨河段(0～245 km)为 75 $m^{1/3}/s$,与该河段底质主要为黏土淤泥质是相符的;在河口段(245～550 km),由于表层沉积物在河道内变粗(以砂质为主),其 K 值为 55 $m^{1/3}/s$。为简化率定验证过程,模型使用恒定的边滩系数 $r_s = 1$,假设边滩对潮波传播的影响可忽略。通过调整解析模型中的摩擦系数可间接考虑边滩对潮波传播的影响。

7.3.4　潮汐和径流动力对水面线的影响

图 7.10 是在洪、枯季不同潮周期径潮相互作用影响下余水位的沿程变化等值线图,由图可见余水位的时空变化明显受控于河口上游流量和口门潮波振幅。枯季时段,流量对余水位的影响明显小于潮波振幅,余水位主要受控于潮波振幅[图 7.10(a)]。相反,在洪季时段,尽管潮波振幅仍对口门区域的余水位变化有明显影响,但余水位主要由流量控制,特别是河口上游河段[图 7.10(b)]。

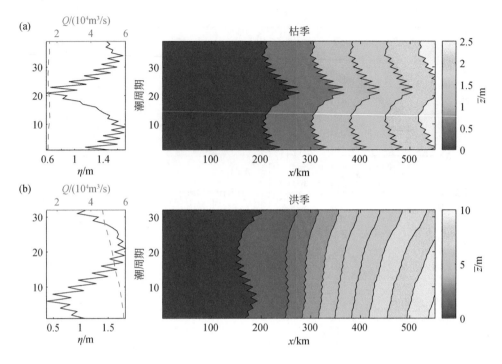

图 7.10　长江河口枯季(a)、洪季(b)不同潮周期条件下平均水位的沿程变化
左图显示对应口门处横沙站的潮波振幅和上游大通站的流量

　　由 7.2.3 节的解析公式可知,余水位梯度 $\partial \bar{z}/\partial x$ 和余水位 $\bar{z}$ 主要由三个参数控制,即流速振幅、径流流速和平均水深。采用 $\bar{F}$、$\bar{F}_t$、$\bar{F}_r$ 和 $\bar{F}_{tr}$ 的平均值进行分析,可探究潮汐和径流动力对余水位的影响过程和机制,其中每个潮周期观测值取自 2012 年 2 月 6 ~ 26 日(代表枯季)和 2012 年 8 月 10 ~ 26 日(代表洪季)。图 7.11 显示长江河口洪、枯季时段,河口沿程潮波振幅及对应的潮波振幅梯度参数 [图 7.11(a)、(b)]、沿程径流流速和潮流流速之比 [图 7.11(c)、(d)] 和余水位坡度分解 [图 7.11(e)、(f)] 的沿程变化。由图 7.11 可知,长江河口下游潮流优势段,余水位坡度主要受径潮相互作用因子($\bar{F}_{tr}$)控制,但该值沿程逐渐减小,直至流速振幅和径流速度相平衡(即 $\varphi = 1$,$\bar{F}_{tr} = 0$),这是因为当 $\varphi > 1$ 时,式(7.20)中 p_1 和 p_3 均为 0。因此,在河口上游段,径流流速大于流速振幅时,潮流分量可忽略不计。值得注意的是在 φ 接近 1 的河口过渡段,三个分解因子对水位梯度都有显著影响,这与分解因子与流速振幅的平方成正比 [见式(7.18) ~ 式(7.20)]。图 7.11 显示潮汐因子对余水位梯度在临界点 $\varphi = 1$ 附近达到最大值,而在其他区域则减少并趋

近于 0。径流因子的影响逐渐向口门方向递减,在 $x = 245$ km 处附近径流因子发生突变,原因在于解析模型给定的摩擦系数不同。在枯季时段,潮汐动力因子($\bar{F}_t$)在河口口门积分的水位出现负值[图 7.11(c)],这是因式(7.18)中 $p_2/2 + p_0$ 这一项为正值导致。

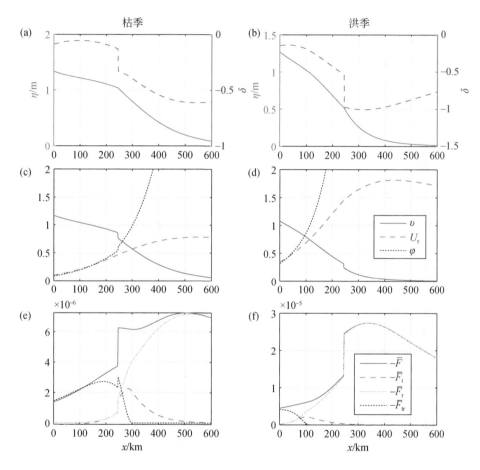

图 7.11　长江河口枯、洪季潮波振幅及其对应的衰减/增大参数[(a)、(b)]、流速[(c)、(d)]和余水位坡度的分解[(e)、(f)]

枯季观测时段为 2012 年 2 月 6~26 日,洪季观测时段为 2012 年 8 月 10~26 日

7.3.5　高、低水位的模型预测

探究径潮相互作用下余水位的形成变化机制,对水资源管理、评估水利工程

(如防波堤、防洪闸)对泄洪的影响均具有重要指导意义。特别是在缺乏大量实测资料建立数值模型的情况下,基于解析模型预测高水位($\bar{h}+\eta$)和低水位($\bar{h}-\eta$)的方法,对防洪、取水和航运等水资源管理具有重要参考价值。通过改变长江河口上游大通站流量,可探究高水位和低水位对径流的响应过程。图7.12为不同流量条件下中潮(口门振幅:1.3 m)和大潮(口门振幅:2.3 m)情景下高、低水位的沿程变化。由图7.12可见,在不同流量条件下高水位和低水位均沿河流方向抬升。仅在低流量条件下,高水位可达最大值[图7.12(a)、(b)]。

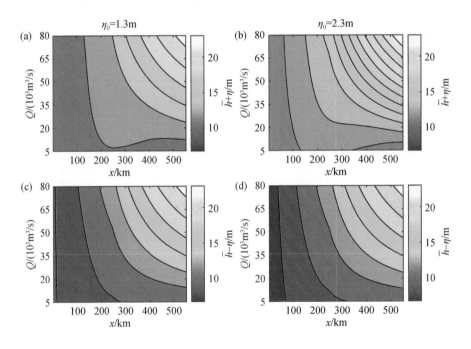

图7.12　不同流量条件下高水位 $\bar{h}+\eta$ [(a)、(b)]和低水位 $\bar{h}-\eta$ [(c)、(d)]的沿程变化
$\eta_0=1.3$ m 代表中潮潮波振幅,$\eta_0=2.3$ m 代表大潮潮波振幅

　　图7.13 显示在大潮潮波振幅 $\eta_0=2.3$ m 和小流量 $Q=10000$ m³/s 条件下,长江河口过渡区域附近出现极高水位。产生这一现象的原因在于水深的沿程差异,即在过渡河段水深最大。水深增大导致摩擦减小,有利于潮汐动力增强,而在大流量条件下,摩擦效应反而增强导致潮波显著衰减。

　　极端高水位(EHWL)的概率计算尤为重要,它与防洪和未来工程策划(如修筑大坝、航道疏浚、河道的缩窄或拓宽)紧密关联。本章采用包含三个参数的广义极值分布(generalized extreme-value,GEV)计算长江河口沿程极端高水位的出现概

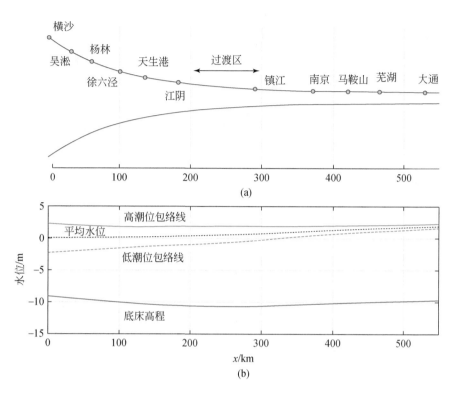

图 7.13　长江河口平面形态(a)以及特定径潮动力条件下高潮位(HW)和低潮位(LW)包络线(b)

$$\eta_0 = 2.3 \text{ m}, Q = 10000 \text{ m}^3/\text{s}$$

率。该方法广泛应用在水文变量的频率分析中,如年内极端洪水、降水和波浪等自然灾害(Martins and Stedinger,2000)。对给定的正值随机变量 k,极值分布(GEV)的累积概率分布函数为

$$F(k;\alpha_1,\alpha_2,\alpha_3) = \exp\left\{-\left[1+\alpha_3\left(\frac{k-\alpha_1}{\alpha_2}\right)\right]^{-1/\alpha_3}\right\} \tag{7.23}$$

式中, α_1、α_2 和 α_3 分别为形状、位置和尺度参数。对应某一重现期 T_r(概率为 $1/T_r$)的临界值 k_r 可通过解方程 $F(k_r;\alpha_1,\alpha_2,\alpha_3) = 1-1/T_r$ 得到:

$$k_r = \frac{\left[-\ln(1-1/T_r)\right]^{-\alpha_3}\alpha_2-\alpha_2+\alpha_1\alpha_3}{\alpha_3} \tag{7.24}$$

首先基于大通站 1947～2012 年的实测流量数据,统计出每年的最大日均流量,并计算其极值分布概率[图 7.14(a)]。用极大似然法估算的三个参数分别为 $\alpha_1 = -0.114$、$\alpha_2 = 9400$、$\alpha_3 = 54300$。通过概率分布曲线,采用式(7.24)可估算不同重现期条件下日均流量出现的概率。图 7.14(b)为大通站重现期为 2 年、5 年、

10 年、20 年、50 年、100 年、200 年、500 年和 1000 年的极值流量变化。假定口门边界处的潮波振幅为 $\eta_0 = 2.3$ m（对应大潮情况），利用该概率模型可估算河口段不同极端流量重现期条件下的相应极端水位。表 7.3 为不同重现期条件下长江河口沿程站点的极端水位，结果能为防洪工程的设计提供科学依据。由表 7.3 可知，极端水位在口门段（江阴站下游）基本不变，但在河口上游具有显著变化。这是由于在概率模型中外海边界的动力恒定（大潮情形），因此，极端水位的变化主要受流量控制。

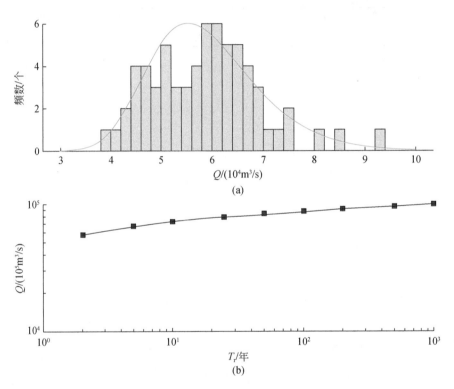

图 7.14 极值分布（GEV）概率密度曲线和实测日均最大值的对比（a），
以及大通站极值流量随重现期的变化图（b）

　　应注意本章提出的解析方法仅能反演河口径潮动力的一阶变化，这主要是因为模型仅考虑径潮相互作用引起的潮汐不对称，而忽略了由倍潮（如 M_4 浅水分潮）和复合潮（如 M_{sf} 分潮）造成的潮汐不对称，这些分潮对河口中部的余水位可能有重要影响（Guo et al.，2015）。如果需要准确地预测高水位和低水位的沿程变化，则需要深入探讨其他高阶项（如倍潮和复合潮）对余水位产生的影响。

表 7.3　沿长江河口不同站点极端高水位　　　（单位：m）

重现期	吴淞	杨林	徐六泾	天生港	江阴	镇江	南京	马鞍山	芜湖
2 年	11.63	11.90	12.33	12.70	13.12	14.50	16.25	17.32	18.26
5 年	11.64	11.93	12.38	12.75	13.22	15.03	17.16	18.40	19.46
10 年	11.65	11.95	12.40	12.78	13.29	15.35	17.69	19.01	20.14
25 年	11.66	11.97	12.42	12.82	13.38	15.73	18.28	19.70	20.90
50 年	11.66	11.97	12.43	12.84	13.44	15.99	18.68	20.16	21.40
100 年	11.67	11.98	12.45	12.87	13.50	16.22	19.04	20.57	21.85
200 年	11.67	11.99	12.46	12.89	13.57	16.44	19.36	20.94	22.25
500 年	11.67	11.99	12.47	12.92	13.64	16.70	19.75	21.37	22.73
1000 年	11.68	12.00	12.48	12.95	13.70	16.88	20.01	21.67	23.05

7.4　小　　结

　　为探讨径潮动力对水面线形成演变的影响过程和机制，本章通过一维水动力解析模型研究余水位对上游流量和下游潮汐动力的响应过程。通过解析模型，借助 Dronkers 提出的切比雪夫多项式方法分解摩擦项，定量分析径潮动力对河口余水位时空分布的影响。该方法的优点在于给定口门处的潮波振幅、沿程地形和上游流量条件能够预测潮平均水位和潮波振幅，而之前的研究只能通过线性回归模型预测平均水位，且线性回归需要长时间序列的水位或流量资料（如 Buschman et al.，2009；Sassi and Hoitink，2013）。因此，解析方法能够探讨径潮动力相互作用的过程和机制，且同样适用于其他河优型河口。

第8章 河口潮波传播的季节性变化及阈值效应

8.1 引　言

河口潮波传播是径潮动力在特定河口地形条件下的耦合结果,因流域的流量变化具有典型的季节性,因此,径潮耦合亦具季节变化特征。另外,潮波传播受地形、流量等非线性影响因素的作用,其振幅衰减速率对流量的响应还具有阈值效应,即当流量小于临界阈值时振幅衰减速率随流量增大而增强,但当流量大于临界阈值时其衰减速率反而随流量增大而减弱。河口潮波余水位是径潮动力相互作用的典型结果,其时空演变直接影响河口三角洲的泥沙输运、盐水入侵和污染物的输移(Hoitink and Jay,2016;Hoitink et al.,2017)。近年来,河口区径潮动力的非线性相互作用过程和机制备受关注(如 Kukulka and Jay,2003a;Buschman et al.,2009;Lamb et al.,2012;Sassi and Hoitink,2013;Hoitink and Jay,2016;Hoitink et al.,2017),然而潮波衰减率和余水位坡度的季节性变化及阈值效应等的过程和机制均有待进一步深入探讨。

流量对潮波传播的衰减效应历来是国内外学者关注的焦点问题(如 Dronkers,1964;Leblond,1979;Godin,1985,1999;Kukulka and Jay,2003b;Guo et al.,2015;Leonardi et al.,2015;Alebregtse and Swart,2016;Zhang W et al.,2018)。传统的潮汐信号处理方法(如调和分析、傅里叶变换)均假定信号平稳,可线性分解,并不能有效识别流量的非线性作用对河口潮动力的影响。近年来,为探讨流量影响下河口潮波信号的非线性变化,部分学者提出非定常潮汐调和模型来探讨径潮动力的相互作用(如 Jay and Flinchem,1997,1999;Jay and Kukulka,2003a;Jay et al.,2011,2015;Matte et al.,2013,2014)。结果表明,径流主要通过增加底床摩擦来消耗潮能(Godin,1985,1999;Guo et al.,2015)。Cai 等(2014a,2014b,2016c)基于前人构建的河口潮波传播理论(Horrevoets et al.,2004;Savenije et al.,2008;Cai et al.,2012a,2012b;Savenije,2012),提出通过高水位和

低水位包络线相减的方法来得到潮波振幅梯度(负值表示潮波振幅沿程衰减,正值表示潮波振幅沿程增强)方程的解析理论框架,用于探讨径潮动力非线性作用过程及机制。该解析理论表明,流量主要通过改变动量守恒方程中的摩擦项来影响潮波传播衰减:一方面,通过增加摩擦项分子中的二次流速项来增大有效摩擦;另一方面,通过增加摩擦项分母中的余水位(即水深)来减小有效摩擦。由于河床下切导致水深增大引起沿程潮差显著增大的例子在部分进行大量航道疏浚的河口中有充分体现(Jay et al.,2011)。然而,鲜有研究探讨流量影响下地形辐聚效应改变对河口潮波传播的作用过程及机制。

虽然余水位是河口系统的重要动力指标,针对其研究由来已久(如 LeBlond,1979;Godin and Martinez,1994),但仅有部分学者针对余水位坡度探讨径潮动力的非线性相互作用(Buschman et al.,2009;Sassi and Hoitink,2013;Cai et al.,2014,2016c)。由一维动量守恒方程可知,潮平均条件下余水位坡度主要与有效摩擦项(Cai et al.,2014a,2016c)、密度梯度项(Savenije,2005,2012)和非线性对流项相平衡。针对一维河口潮波传播问题,与有效摩擦项相比,密度梯度项和非线性对流项的量值往往可忽略(Cai et al.,2019b)。通过切比雪夫多项式方法(Dronkers,1964;Godin,1991,1999)可将非线性摩擦项进一步分解为径流、潮流和径潮相互作用因子引起的子摩擦项,用于探讨径潮动力相互作用的过程及机制(Buschman et al.,2009;Sassi and Hoitink,2013;Cai et al.,2016c)。河口的径潮作用存在空间差异性,在靠近口门的潮流优势段,余水位主要受控于径潮相互作用因子,而在距口门较远的河流优势段,余水位主要受径流因子控制(Cai et al.,2016)。

近年来,长江流域受全球气候变化和高强度人类活动(如三峡大坝建设、航道疏浚等)的影响加剧,河口区径潮动力格局演变及相互作用机制问题备受关注(如 Cai et al.,2014a,2014b,2016c;Guo et al.,2015;Zhang M et al.,2015a,2015b;Alebregtse and Swart,2016;Kuang et al.,2017;Shi et al.,2018;Zhang W et al.,2018)。一方面,部分学者采用时间序列分析方法(如非定常调和分析和小波变换等),基于实测资料及数值模型结果分离出径、潮信号,从而量化流量对不同分潮的影响(Guo et al.,2015;Zhang M et al.,2015a,2015b;Shi et al.,2018;Zhang W et al.,2018)。另一方面,基于概化地形及简化动力边界条件的解析模型探讨长江河口的径潮动力相互作用过程及机制(Cai et al.,2014a,2014b,2016e;Alebregtse and Swart,2016)。其中,Alebregtse 和 Swart(2016)假设河口沿程水深为恒定值,即忽略底床高程和余水位的沿程变化,因此其模型仅适用于潮流优势段,而 Cai 等(2014a,

2014b,2016c)提出的解析模型可重构出长江河口不同径潮组合条件下的余水位时空演变。前人对长江河口径潮动力相互作用的研究主要集中在口门区域(即徐六泾以下的潮流优势段),但对整个河口特别是过渡段径潮动力非线性作用过程及机制的研究仍有待进一步深入。因此,本章采用 Cai 等(2014a,2014b,2016c)提出的解析模型进一步深入探讨流量对潮波衰减和余水位坡度季节性变化的影响,并揭示对应潮波衰减效应最强的流量阈值和临界河段的形成机制。

8.2　余水位及潮波传播解析解

8.2.1　河口水面线描述

余水位时空演变可用一维动量守恒方程来表达(Savenije,2005,2012):

$$\frac{\partial U}{\partial t} + U\frac{\partial U}{\partial x} + g\frac{\partial Z}{\partial x} + \frac{gh}{2\rho}\frac{\partial \rho}{\partial x} + g\frac{U|U|}{K^2 h^{4/3}} = 0 \tag{8.1}$$

式中,U 为断面平均流速;Z 为自由水面高程;h 为水深;g 为重力加速度;t 为时间;ρ 为水的密度;x 为从口门往上游延伸的距离;K 为曼宁摩擦系数的倒数。

基于断面平均流速 U 呈周期性变化的假设,在一个潮周期内对一维动量守恒式(8.1)进行积分,可得沿程余水位坡度的解析表达式(Vignoli et al.,2003;Cai et al.,2014a,2014b,2016c):

$$\frac{\partial \overline{Z}}{\partial x} = -\frac{1}{K^2}\overline{\left(\frac{U|U|}{h^{4/3}}\right)} - \frac{1}{2g}\frac{\partial \overline{U^2}}{\partial x} - \frac{1}{2\rho_0}\overline{h\frac{\partial \rho}{\partial x}} \tag{8.2}$$

式中,变量的上划线与下标 0 分别为潮平均和口门处的数值。

余水位坡度由式(8.2)右边三项组成,分别表示摩擦项、对流项和斜压梯度项,其中对流项为

$$\frac{\partial \overline{Z}_{adv}}{\partial x} = -\frac{1}{2g}\frac{\partial \overline{U^2}}{\partial x} \tag{8.3}$$

可进一步写成

$$\overline{Z}_{adv} = -\frac{1}{2g}(\overline{U^2} - \overline{U_0^2}) = -\frac{1}{2}\overline{Fr_0}\left(\frac{\overline{U^2}}{\overline{U_0^2}} - 1\right)\overline{h}_0 \tag{8.4}$$

这里引入潮平均弗洛德数 $\overline{Fr^2} = \overline{U^2}/(g\overline{h})$。由式(8.4)可知对流项引起的水位仅

对局部水位有影响(即不具有沿程累积效应),且由于弗洛德数为小量,其潮平均值可忽略;而斜压项在盐水入侵影响区域对余水位的贡献仅为平均水深的 1.25% (Savenije,2005,2012)。因此,本书忽略对流项与斜压项对余水位坡度的影响,余水位主要由非线性摩擦项引起:

$$\overline{Z}(x) = -\int_0^x \frac{\partial \overline{Z}}{\partial x} = -\int_0^x \overline{\frac{U|U|}{K^2 h^{4/3}}} \qquad (8.5)$$

式中,假设 $\overline{Z}$ 在口门处的余水位值为 0。

8.2.2　潮波传播解析模型

由于解析模型中所用的潮平均水深还取决于余水位(为一未知数)的大小,因此方程组的解析解需要通过迭代算法取得。由于实际河口几何形状不会收敛为零而是趋近于一个常数,为了更好地表示河口区这种喇叭-棱柱形的特征,河口的潮平均横截面积 $\overline{A}$ 和河宽 $\overline{B}$ 的沿程变化可用以下函数来表示:

$$\overline{A} = \overline{A}_r + (\overline{A}_0 - \overline{A}_r)\exp(-x/a) \qquad (8.6)$$

$$\overline{B} = \overline{B}_r + (\overline{B}_0 - \overline{B}_r)\exp(-x/b) \qquad (8.7)$$

式中, $\overline{A}_0$ 、$\overline{B}_0$ 分别为口门的横截面积和河宽; $\overline{A}_r$ 、$\overline{B}_r$ 分别为向上游最终趋近的横截面积和河宽; a、b 分别为横截面积和河宽的辐聚长度。假设河道断面为矩形形态,则潮平均水深 h 可通过断面面积与河宽来表示: $\overline{h} = \overline{A}/\overline{B}$ 。河口潮滩的影响可通过引入边滩系数 $r_S = B_S/\overline{B}$ 来量化(式中, B_S 为满槽河宽, $\overline{B}$ 为潮平均河宽)。

该解析模型仅用单一 M_2 分潮驱动,径潮相互作用通过四个无量纲参数来描述(具体参数公式见表 8.1): ζ 为潮波振幅与水深的比值, γ 为河口形状参数(代表河口横截面积的辐聚程度), χ 为摩擦参数(代表潮流引起的摩擦耗散), φ 为无量纲流量参数(代表上游下泄径流的影响),表 8.1 中 η 代表潮波振幅, υ 代表流速振幅,河流流速定义为 $U_r = Q/\overline{A}$, $c_0 = \sqrt{gh/r_S}$ 表示无摩擦棱柱形河口的潮波传播速度。

表 8.1 解析模型控制方程中无量纲参数的定义

输入变量	输出变量
无量纲潮波振幅	振幅衰减/增大参数
$\zeta = \eta/\bar{h}$	$\delta = c_0 \mathrm{d}\eta/(\eta\omega\mathrm{d}x)$
河口形状参数	流速参数
$\gamma = c_0(\bar{A} - \bar{A}_r)/(\omega a \bar{A})$	$\mu = v/(r_S \zeta c_0) = v\bar{h}/(r_S \eta c_0)$
摩擦参数	传播速度参数
$\chi = r_S g c_0 \zeta [1 - (4\zeta/3)^2]^{-1}/(\omega K^2 \bar{h}^{4/3})$	$\lambda = c_0/c$
无量纲流量参数	相位差
$\varphi = U_r/v$	$\varepsilon = \pi/2 - (\phi_A - \phi_U)$

$$\beta = \theta - r_S \zeta \varphi/(\mu\lambda), \quad \theta = 1 - (\sqrt{1+\zeta} - 1)\varphi/(\mu\lambda)$$

基于上述概化河口地形,一维水动力圣维南方程组的解析解可简化为求解以下四个隐函数方程。

相位差方程:

$$\tan(\varepsilon) = \frac{\lambda}{\gamma - \delta} \tag{8.8}$$

尺度方程:

$$\mu = \frac{\sin(\varepsilon)}{\lambda} = \frac{\cos(\varepsilon)}{\gamma - \delta} \tag{8.9}$$

波速方程:

$$\lambda = 1 - \delta(\gamma - \delta) \tag{8.10}$$

潮波振幅梯度方程:

$$\delta = \frac{\mu^2(\gamma\theta - \chi\mu\lambda\Gamma)}{1 + \mu^2\beta} \tag{8.11}$$

式中,变量 δ 为振幅衰减/增大参数,表示沿程潮波振幅衰减或增大的快慢程度;μ 为流速参数,表示实际流速振幅与无摩擦棱柱形河口流速振幅的比值;λ 为传播速度参数,表示无摩擦棱柱形河口传播速度 c_0 与实际传播速度 c 的比值;ε 为相位差,表示高潮位与高潮憩流或低潮位与低潮憩流之间的相位差,其中 ϕ_A 和 ϕ_U 分别为水位和流速的相位。β、θ 和 Γ 用来描述流量的影响,其中 β、θ 具体定义见表 8.1,Γ 表示为

$$\Gamma = \frac{1}{\pi}[p_1 - 2p_2\varphi + p_3\varphi^2(3 + \mu^2\lambda^2/\varphi^2)] \tag{8.12}$$

该式通过切比雪夫多项式方法得到,式中 $p_i(i=0,1,2,3)$ 为切比雪夫系数
(Dronkers,1964),定义如下:

$$p_0 = -\frac{7}{120}\sin(2\alpha) + \frac{1}{24}\sin(6\alpha) - \frac{1}{60}\sin(8\alpha) \qquad (8.13)$$

$$p_1 = \frac{7}{6}\sin(\alpha) - \frac{7}{30}\sin(3\alpha) - \frac{7}{30}\sin(5\alpha) + \frac{1}{10}\sin(7\alpha) \qquad (8.14)$$

$$p_2 = \pi - 2\alpha + \frac{1}{3}\sin(2\alpha) + \frac{19}{30}\sin(4\alpha) - \frac{1}{5}\sin(6\alpha) \qquad (8.15)$$

$$p_3 = \frac{4}{3}\sin(\alpha) - \frac{2}{3}\sin(3\alpha) + \frac{2}{15}\sin(5\alpha) \qquad (8.16)$$

通过解析模型得到的无量纲潮波变量,可进一步计算得出沿程任意点的潮波
振幅、余水位和传播速度等主要潮波变量。

8.3　解析模型在长江河口的应用及径潮动力的季节性演变

8.3.1　研究区域概况

长江河口位于中国东部,从口门至大通水位站(潮区界位置)全长约 630 km,
具体位置如图 7.6 所示,其中潮汐和径流是该河口最主要的两种动力。长江河口
属于中潮河口,口门平均潮差约为 2.67 m,最大潮差达到 4.62 m。潮汐类型属于
不规则半日分潮,平均涨潮时间约为 5 h,退潮时间约为 7.5 h(Zhang et al.,2012)。
据长江河口大通水文站的资料统计(1950~2012 年),多年平均流量为 28200 m³/s,最
大月均流量出现在 7 月(达到 49500 m³/s),最小月均流量出现在 1 月(量值为
11300 m³/s)。以往的研究主要针对该河口口门区域的潮汐动力,本书则关注长江
河口从天生港至大通感潮河段的径潮动力相互作用问题。

本书收集的数据包括:天生港、江阴、镇江、南京、马鞍山和芜湖 6 个潮位站
2003~2014 年月均水位数据(月均水位及月均潮差),其中天生港为口门位置,江
阴距天生港 46 km,镇江距天生港 155 km,南京距天生港 236 km,马鞍山距天生港
284 km,芜湖距天生港 330 km,数据均来源于长江水文局。潮位原始数据高程基面
已统一转换至 1985 黄海基面。图 8.1 为长江河口沿程主要潮位站月均水位、月均
潮差和大通水文站月均流量的时间过程线。由图 8.1 可知,沿程站点潮差呈现明

显的季节性变化(天生港和江阴站除外),月均水位随着流量变化而改变,且越往上游月均水位季节性变化越明显。

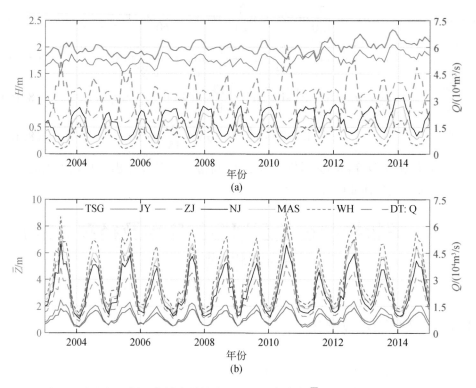

图 8.1 长江河口沿程各站点月均潮差 H(a)、余水位 $\overline{Z}$(b)及大通站月均流量 Q 随时间的变化

8.3.2 潮波传播的季节性演变及阈值效应分析

为了探究流量对径潮动力季节性变化的重要影响,首先分析潮波衰减率和余水位坡度的季节变化规律,结果如图 8.2 所示。其中,潮波衰减率(δ_H)和余水位坡度(S)的定义为

$$\delta_H = \frac{1}{(\eta_1 + \eta_2)/2} \frac{\eta_2 - \eta_1}{\Delta x} \tag{8.17}$$

$$S = \frac{\overline{Z}_2 - \overline{Z}_1}{\Delta x} \tag{8.18}$$

式中,η_1和$\overline{Z}_1$分别为下游潮波振幅和余水位;η_2和$\overline{Z}_2$分别为往上游Δx距离的潮波振幅和余水位。

　　本章通过分析大通站月均流量在9174~61400 m³/s范围内变化的实测值,研究径潮动力在不同潮汐和径流非线性作用下的洪枯季变化。以往研究指出,流量主要通过改变摩擦项来影响潮波衰减率和余水位坡度(Cai et al.,2014b,2016)。由图8.2可知,潮波衰减率和余水位坡度随流量有明显改变。值得注意的是,随着流量的增大,潮波衰减率存在一个阈值,即在达到流量阈值后,潮波衰减率与流量的关系由负相关转变为正相关[图8.2(a)]。这一阈值现象在上游马鞍山—芜湖段最为明显,阈值流量约为35000 m³/s,其内在动力学机制将在8.3.3节做详细阐述。由图8.2(b)可知,余水位坡度与流量基本呈线性关系,无明显阈值现象。

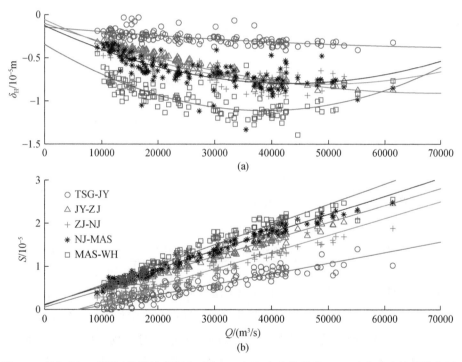

图8.2　长江河口不同河段潮波振幅衰减率δ_H(a)和余水位坡度S(b)随大通流量的散点图

图(a)显示二次多项式拟合曲线,图(b)显示一次线性拟合曲线

1)一维水动力解析模型的率定和验证

　　本章采用的主要地形参数(包括潮平均横截面积、河宽和水深)来源于2007年测量的长江河口数字高程模型(DEM),均转换至1985年黄海高程。图8.3为长江

河口各地形参数及拟合曲线[式(8.6)、式(8.7)],表8.2为率定的地形参数。由表8.2可知横截面积辐聚长度较大(151 km),河宽辐聚长度较短(44 km),表明河口由喇叭形迅速向棱柱形转变。

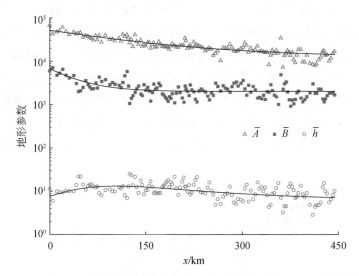

图 8.3　主要地形特征参数(横截面积、宽度和水深)沿长江河口的变化

黑色实线代表最优拟合曲线

表 8.2　长江河口地形概化参数

参数	河流端($\bar{A}_{\rm r}/\bar{B}_{\rm r}$)	口门处($\bar{A}_0/\bar{B}_0$)	辐聚长度(a/b)
断面横截面积	12135 m²	51776 m²	151 km
河宽	2005 m	6735 m	44 km

　　解析模型的输入条件为图 8.1 所示下游外海潮波振幅(天生港站)和上游流量(大通站),对长江河口 2003～2014 年月均潮波振幅和余水位进行率定验证。由于长江河口半日潮特征显著,为简化计算,假设周期为 M_2 分潮周期(即 12.42 h)。解析模型所需率定参数仅为曼宁摩擦系数的倒数,满槽宽度与平均宽度的比值 $r_{\rm S}=1$。率定得到下游区域($x=0～32$ km)K 值为 80 m$^{1/3}$/s,而上游径流优势型区域($x=52～450$ km)K 值较小,为 55 m$^{1/3}$/s。为了防止不连续摩擦系数引起的潮波变量突变,在过渡区域($x=32～52$ km)采用线性减小的摩擦系数($K=80～55$ m$^{1/3}$/s)。图 8.4 为长江河口沿程各站点实测潮波振幅和余水位与模型计算值的对比,可见计算值与实测值吻合较好(线性相关系数 $R^2>0.96$),表明解析模型可重构出长江

河口沿程一维径潮动力的主要变化。但上游站点(马鞍山站和芜湖站)余水位大于 5 m 时计算值偏大,这是由于解析模型过度简化地形和流量特征导致(如忽略 M_4 和 M_6 倍潮波)。

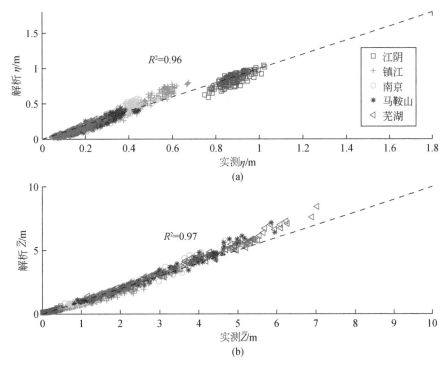

图 8.4　研究时段内解析模型计算的潮波振幅 η(a)、余水位 $\overline{Z}$(b)
和长江河口沿程各站点实测值的对比

2)径潮动力的季节性演变

解析模型经过率定后,可用于探究主要径潮动力变量(以潮波振幅梯度参数 δ、流速振幅参数 μ、传播速度参数 λ 和相位差 ε 表示)在不同季节对流量的响应变化(图 8.5)。由图 8.5(a)可见潮波振幅梯度参数 δ 在 2003~2014 年的时空变化,其值在沿程存在最小值 δ_{min},所对应的位置潮波衰减效应最强。值得注意的是潮波衰减的阈值 δ_{min} [见图 8.5(a)中红色实线,在 233~500 km 范围内变化]随流量呈季节性变化,且由图 8.5(b)可见潮波衰减大小阈值变化与流量呈负相关关系。潮波衰减阈值 δ_{min} 在 1 月和 12 月最小,此时月均流量亦为最小,而阈值在 7 月达到最大时,月均流量亦为全年最大。同样的季节性变化现象也可用解析模型在流速参数 μ、传播速度参数 λ 和相位差 ε 中发现,可见 μ、ε 与 Q 呈负相关关系,而 λ 与 Q 呈正相关关系。

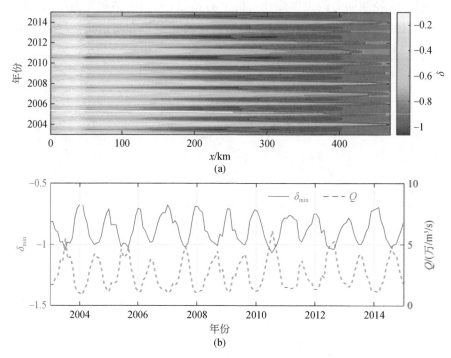

图 8.5　潮波振幅衰减/增大参数 δ 的等值线图和每个月的最小值 $\delta_{\min}$（红色实线）

以及该最小值与流量 Q 的演变关系

3）余水位坡度的季节性演变

感潮河段余水位坡度主要与有效摩擦相平衡。余水位沿河道向上游逐渐抬升即余水位坡度变陡，因此潮差逐渐减小（Cai et al.，2014a，2016）。为进一步探讨流量对潮波传播的衰减机制，本章采用切比雪夫分解方法将余水位坡度进行线性分解，分离出径流因子、潮流因子与径潮相互作用因子（详细方法可见 Cai et al.，2016），具体公式如下：

$$S = - \frac{1}{K^2 \, \overline{h}^{4/3} \pi} (p_0 \upsilon^2 + p_1 \upsilon U + p_2 U^2 + p_3 U^3 / \upsilon) \tag{8.19}$$

式中，余水位坡度可分解为三个部分。

潮流因子：

$$S_t = \frac{1}{K^2 \, \overline{h}^{4/3} \pi} \left(\frac{1}{2} p_2 + p_0 \right) \upsilon^2 \tag{8.20}$$

径流因子：

$$S_r = \frac{1}{K^2 \, \bar{h}^{4/3} \pi}(p_2 - p_3\varphi) U_r^2 \tag{8.21}$$

径潮相互作用因子：

$$S_{tr} = \frac{1}{K^2 \, \bar{h}^{4/3} \pi}\left(-p_1 - \frac{3}{2}p_3\right) v U_r \tag{8.22}$$

图 8.6 为余水位坡度 S 的等值线季节分布图，可见余水位坡度与流量成正比。由图 8.6(a) 可知，余水位坡度 S 阈值(即最大值) 的时间变化与潮波振幅梯度参数的变化[图 8.5(a)]类似，这表明潮波振幅梯度与余水位坡度密切相关。进一步通过式(8.19) ~ 式(8.22) 量化径流因子、潮流因子与径潮相互作用因子对余水位坡度的贡献，可知径流因子 S_r 是余水位坡度形成的主导因子。

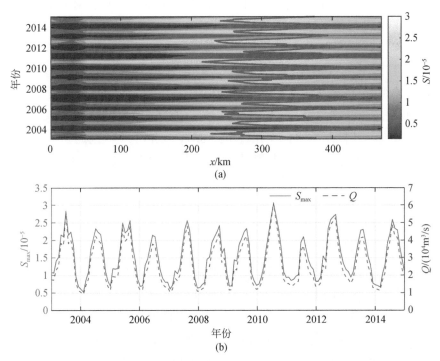

图 8.6   余水位坡度 S 的等值线图和每个月的最大值 S_{max}(红色实线)
以及该最大值与流量 Q 的演变关系

8.3.3　流量和位置阈值的形成机制

1)最强潮波衰减效应所对应的位置阈值(与 δ 的最小值相对应)

为探究潮波衰减阈值的形成变化机制,以天生港站实测潮波振幅与大通站流量的洪、枯季均值作为解析模型的输入条件,重构出长江河口洪、枯季各主要潮波变量(δ、λ、μ 和 ε)的沿程变化,如图8.7所示。由图8.7可见,在 $x = 42$ km 处出现潮波变量的不连续波动现象,是由解析模型在不同河段所用的摩擦系数不同导致的。受径流输入影响,潮波衰减阈值在枯季明显比洪季更靠近外海(枯季 $x = 305$ km,洪季 $x = 410$ km)。此外,潮波衰减的阈值位置(即黑色虚线所对应的衰减参数 δ 的最小值)几乎与传播速度参数 λ 的最大值和流速参数 μ 的最小值位置一致,这是由非线性方程组式(8.8)~式(8.11)所描述的径潮动力非线性相互作用引起的。这一现象反映了潮波往上游传播过程中河口形状、底床摩擦和流量引起的非线性效应。相位差 ε 的变化直接取决于相位差公式[式(8.8)],由图8.7(a)~(d)可见,相位差 ε 与衰减参数 δ 和流速参数 μ 基本呈正相关关系,与传播速度参数 λ 呈负相关关系。与潮优型河口可忽略余水位坡度不同,决定长江河口相位差 ε 与其他潮波变量(δ、λ、μ)非线性关系的因素为余水位坡度及其控制的水深变化。由图8.7(e)和(f)可见余水位坡度 S 及其主导的径流因子 S_r 逐渐上升至与潮波衰减阈值相对应的最大值,随后略有下降。因此,径潮动力主要受余水位坡度控制,潮波衰减效应最强出现位置阈值主要受径流因子控制。值得注意的是,S 出现最大值的位置与平均水深出现最小值的位置相对应,表明余水位坡度及其影响下的水深变化在长江河口径潮动力时空演变过程中起主导作用。

河口形状参数 γ 和摩擦参数 χ 与潮波衰减参数 δ 密切相关。图8.8显示 γ 和 χ 的季节性变化。由图8.8可见,河口形状参数 γ 在枯季大于洪季,表明枯季河道辐聚效应更强,这是由于流量增大导致余水位坡度和平均水深显著增大,从而减小河道辐聚程度。此外,γ 值在洪季 $x = 290$ km 和枯季 $x = 394$ km 位置处,由正值转变为负值[图8.8(a)]。γ 负值的出现是由于向陆方向余水位坡度及水深的增大,导致横截面积向河流方向增大(即 $dA/dx > 0$)。由图8.8(b)可见,枯季摩擦参数 χ 明显大于洪季,这主要是由枯季较大的潮波振幅和洪季径流输入引起的余水位及水深抬升导致(见表8.1中 χ 的定义)。χ 往上游逐渐趋于0,表明上游河段径潮动力主要由河口形状(即横截面辐散效应)以及径流因子 S_r 引起的摩擦效应控制(即潮汐动力引起的摩擦效逐渐消失)。

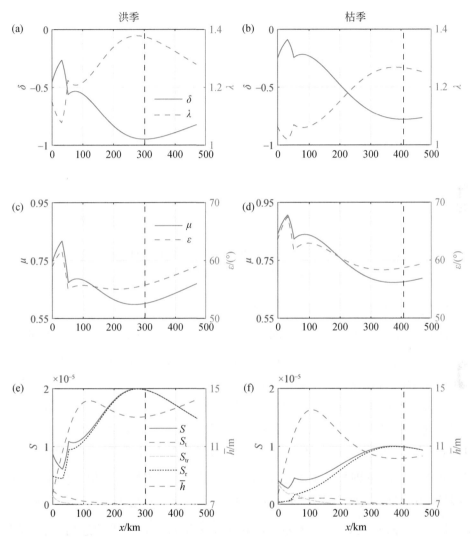

图 8.7　长江河口洪、枯季主要径潮动力变量的沿程变化(a)~(d)和余水位坡度分解变量
及水深沿程变化(e)、(f)

每个子图中竖虚线代表最强潮波衰减所对应的位置阈值(与 δ 的最小值相对应)

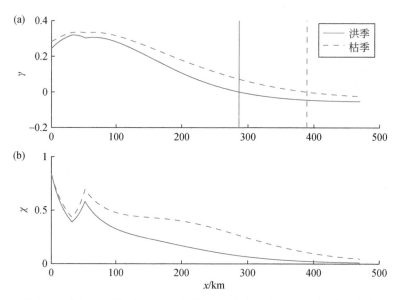

图 8.8　长江河口洪、枯季形状参数 γ(a) 和摩擦参数 χ(b) 的沿程变化

图(a)中还显示形状参数在洪、枯季的临界阈值($\gamma=0$)

2)最强潮波衰减效应所对应的流量阈值

图 8.9 为上游河流优势段不同位置处潮波衰减参数 δ、余水位坡度 S 和余水位 $\overline{Z}$ 随流量的变化结果,用于显示不同位置潮波衰减所对应的流量阈值。由图 8.10(a)可见,$x=470$ km 位置处流量阈值为 34000 $\mathrm{m^3/s}$,而当 $x=350$ km 时流量阈值上升至 55000 $\mathrm{m^3/s}$,即不同位置潮波衰减效应最强所对应的流量阈值不同,表明受外海潮汐动力影响,下游河段需要更大的流量才能使潮波衰减达到阈值。由图 8.9(a)还可见衰减效应达到阈值后,出现略微上升直至达到一个稳定值。

图 8.9(b)和(c)分别为 S 和 $\overline{Z}$ 随流量 Q 的变化,由图可见余水位 $\overline{Z}$ 随流量基本为线性上升变化,表明余水位坡度 S 随流量 Q 持续上升增大。与 S 在沿程存在位置阈值[如图 8.7(e),(f)所示]不同,S 和 $\overline{Z}$ 随流量均呈单调递增变化,无明显阈值现象。此外,如图 8.9(a)所示潮波衰减的沿程变化存在一个转折点(阈值),流量阈值为 15000 $\mathrm{m^3/s}$。当流量较小时($Q<15000$ $\mathrm{m^3/s}$),衰减参数 δ 往上游减小(表明衰减效应增强),当流量较大时($Q>15000$ $\mathrm{m^3/s}$)则 δ 往上游增大(表明衰减效应减弱)。

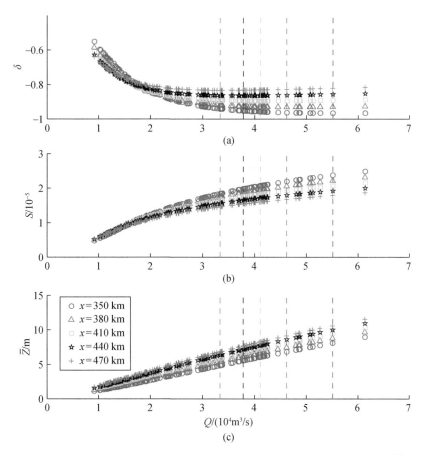

图 8.9　长江河口不同位置潮波振幅梯度参数 δ(a)、余水位坡度 S(b)、余水位 $\overline{Z}$(c)
和大通站流量 Q 之间的关系
虚线代表最强潮波衰减所对应的流量阈值(与 δ 的最小值相对应)

　　存在流量阈值使潮波衰减效应达到最强的内在机制主要可归结为余水位 $\overline{Z}$ 的累积效应,即余水位改变导致沿程水深的变化,进而改变河道的辐聚程度和有效摩擦(见表 8.1 中定义的河口形状参数 γ 与摩擦参数 χ)。图 8.10 为两控制参数(γ 和 χ)随流量的变化,可见河口形状参数 γ 有从正值(往上游横截面积减小)转为负值(往上游横截面积增大)的明显变化,且受外海潮汐动力影响较强的下游河段 γ 需要更大的流量才能达到转折点。出现这一转折点的主要原因是余水位随流量增大而抬升,导致水深和横截面积的改变。潮波主导的有效摩擦(以 χ 表示)随流量增大逐渐向 0 逼近,表明大流量条件下河口主要由横截面的辐散效应和径流动力引起的摩擦效应[以式(8.21)中 S_r 表示]控制。因此,河口形状参数和摩擦参数的综合变化导致有效摩擦改变[主要与余水位坡度 S 相平衡,见图8.9(b)],最终导致潮波衰减效应在大流量条件下出现阈值[图8.9(a)]。

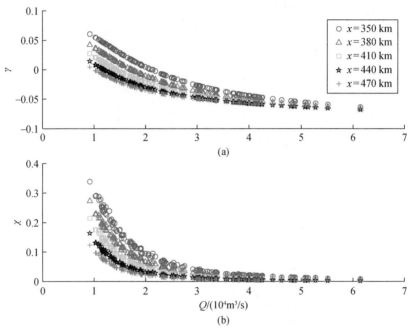

图8.10 河口形状参数 γ、摩擦参数 χ 和流量 Q 之间的关系

3)解析模型的不足和推广

目前,虽然解析模型可较好地重构出河口径潮动力的主要变化(一阶精度),但它仍存在一定的不足。解析模型的基本假设是潮波流速为余流项(由径流引起)和随时间变化的简谐波(由潮流引起)组成,模型只适用于探讨径潮相互作用引起的潮汐不对称,而忽略天文潮(如 K_1、O_1 和 M_2 分潮的非线性相互作用)、倍潮(如 M_4)和复合潮(如 M_{sf})对潮汐不对称的影响。因此,本章所提出的解析方法主要应用于单一天文分潮(如 M_2 或 K_1)为主驱动下感潮河段的径潮相互作用研究。

虽然解析模型假设河口潮平均横截面积与河宽可由式(8.6)、式(8.7)来描述(呈指数变化),但这并不限制解析模型在具有其他地形河口中的应用。只要河口横截面积沿程缓慢变化(连续可导),解析方法可应用于任意形状(底床高程和河宽)的河口。同时,该方法可用于进一步研究基于日均潮波振幅和流量条件下径潮动力的大小潮变化(Cai et al.,2016c)。然而,由于解析模型是基于潮平均条件得到的,不可用于一个潮周期内径潮动力的研究,因此不适用于流量迅速改变的情况。

4)径潮动力演变对河口水资源可持续利用及泥沙输运的影响

探讨潮波衰减和余水位坡度等径潮动力变量在动力边界(潮流和径流)和地形边界(如航道疏浚和滩涂围垦)改变下的发展与演变,有助于提高河口水资源的高效开发利用。解析模型可用于快速评估人类活动(如大规模采砂、航道疏浚或蓄淡水库建设)对河口系统、防洪建筑物(如防洪堤、防洪闸)及水环境(如盐水入侵及相关水质参数变化)的影响。例如,Cai 等(2019b)采用本章提出的解析模型探究三峡大坝调蓄影响下长江口潮区界的时空演变,该研究表明受流量大幅上升影响,潮区界在 10 月有近 75 km 的上移。该模型与生态或盐水入侵模型相结合时,可进一步探讨径潮动力驱动下盐水入侵的时空演变及影响因素(Cai et al.,2015)。以盐度作为指示因子,可评估人类活动对水生生态系统(如水质、水体利用率和河口地区农业发展)的影响。

潮波在河口传播受地形和径流的非线性作用,会发生变形而变得不对称,潮汐不对称是形成泥沙净输运的重要因素之一(Friedrichs and Aubrey,1988;Parker,1991;Guo et al.,2014,2015,2016;Zhang W et al.,2018)。虽然当前解析模型适用于单一天文分潮为主(如 M_2)的径潮相互作用研究,但它能较好地解释由地形和径流因素引起的主要潮汐不对称现象(如由径流引起的潮汐不对称),同时能够较好地重构出潮波衰减及余水位坡度的季节性变化。Lamb 等(2012)指出河口侵蚀和淤积很大程度由余水位坡度的沿程变化控制,而本章揭示的余水位坡度和径潮动力的季节性变化可进一步探讨河口地形的演变。然而,余水位坡度和河口地形演变的量化分析还需进一步研究。

8.4 小　结

实测资料和解析模型结果均表明在河口上游河段存在阈值流量对应潮波衰减率绝对值的最大值,这是对经典潮波传播动力学关于流量衰减效应的重要补充。研究表明,与摩擦项基本平衡的余水位坡度是直接影响径潮动力相互作用的关键因子。河口上游存在对应潮波衰减率绝对值最大值的位置阈值,超过这个位置余水位坡度将有所减小,且这个位置随着流量的增大而往上游移动。位置阈值表明超过这个位置流量对潮波衰减的效应将有所减弱,表明潮波所受的有效摩擦或回水效应减弱。位置阈值和流量阈值的形成机理本质上是相同的,这是因为对于相同的流量,越往上游流量的衰减效应越强,这等同于相同位置的衰减效应随着流量的增大而增强。

　　解析结果表明河口下游受潮汐影响较大,流量阈值要比上游大得多。流量对河口潮波衰减具有双重作用,即流量一方面通过底床摩擦消耗潮波能量,另一方面通过增大余水位减小潮波传播的有效摩擦,因此,在河口上游区域存在位置和流量阈值,对应潮波衰减率绝对值的最大值。

第9章 河口径潮动力格局对上游大坝调蓄的响应机制——以长江河口和三峡大坝为例

9.1 引 言

河口受流域因子及海洋因子的共同作用,径流因子及海洋动力要素的任何变化,必影响河口径潮动力耦合过程及改变其径潮动力格局。随着高强度人类活动的影响加剧,如上游流域的水库建设及水土保持工程,河口区径潮动力格局将随流量的季节性调整而发生改变(如 Lu et al.,2011;Mei et al.,2015a,2015b;Dai et al.,2017)。因此,探讨大型水利工程(如防洪工程、航道疏浚、取水工程等)对河口区径潮动力格局的影响及作用机制,是河口动力学研究的热点,可为今后河口区的生态环境保护及水资源可持续开发利用等提供理论依据。

由于流域上游降水的季节性变化,进入河口区的流量也具有明显的季节性分布特征。例如,中国第一大河——长江,其流量在夏季 7 月达到最大值,而在冬季 1 月降至最小值,月均流量差异可达 38000 m^3/s(Cai et al.,2016c)。由于流域中上游大量的水库修建,其下泄流量和泥沙输运均发生明显变化,直接影响流域下游河口区的径潮动力和三角洲地貌冲淤演变格局(如 Rahman et al.,2018;Liu et al.,2018)。因此,探讨河口区径潮动力格局对上游大型水利工程的响应过程和机制,是河口海岸研究的重要内容,可为河口区的工农业生产、港航资源开发及沿岸经济社会的可持续发展提供技术支撑。本章采用 Cai 等(2016c)提出的一维水动力解析模型反演三峡大坝建成前后长江河口主要潮波变量(潮波振幅衰减率、流速振幅、传播速度、高潮位与高潮憩流之间的相位差等)的时空变化,进而揭示上游三峡大坝建设导致流量的季节性调整对长江河口潮波传播及径潮相互作用的影响机制。

9.2　研究区域概况

　　长江干流自西而东横贯中国中部,因其涵盖着巨大的经济和社会效益,是世界上重要的河流之一。长江全长近 6300 km,流域面积达到 190000 km²,如图 7.6(a)所示。长江流域在地理位置上分为上、中、下三个河段,分别以宜昌、九江、大通为分界点。本章聚焦于世界上规模最大的水利工程——三峡大坝[位于宜昌站上游约 45 km 处,如图 7.6(a)所示],研究其对长江河口区径潮相互作用格局的影响。三峡大坝始建于 2003 年,到 2009 年全面投产,蓄水总量达 40 km²,近似长江年排放量的 5%。长江河口下游大通站为潮区界位置,其距口门南支约 630 km。芜湖(WH)、马鞍山(MAS)、南京(NJ)、镇江(ZJ)、江阴(JY)、天生港(TSG)为长江河口沿程主要潮位站[图 7.6(b)]。在亚热带季风气候控制下,河流流量呈现明显的季节性变化。据大通站 1979 ~ 2012 年流量显示,超过 70% 的流量集中在洪季(5 ~ 10 月)。除了径流动力外,潮波亦是长江河口主要动力,长江河口属于中潮型河口,口门处平均潮差为 2.7 m。其口门附近中俊站多年(1959 ~ 2012 年)平均落潮历时(7.5 h)大于多年平均涨潮历时(5 h),表明长江河口具有典型的不规则半日潮特征(Zhang et al.,2012)。

9.3　数据和方法

9.3.1　数据来源

　　为了定量研究三峡调蓄与径潮动力格局的关系,收集长江口 6 个潮位站于三峡建成前(1979 ~ 1984 年)和建成后(2003 ~ 2014 年)的月均潮差和水位数据。数据来源于长江水利委员会。每月高潮位和低潮位平均值之差除以 2,得到月均潮波振幅。沿程潮位站水位观测值均校正至黄海 1985 高程基面,用于探讨沿程余水位坡度的时空演变。

9.3.2　潮波传播的解析模型

　　对于感潮河段,余水位(潮平均水位)从口门向河流方向沿程抬升,即余水位梯度(余水位沿 x 轴方向的一阶导数)为正值,余水位变化主要取决于上游来水量,余水位梯度与流量的平方成正比(Sassi and Hoitink,2013)。针对河口余水位成因的复杂性,可用一维动量守恒方程(Savenije,2005,2012)来描述余水位的变化:

$$\frac{\partial U}{\partial t} + U\frac{\partial U}{\partial x} + g\frac{\partial Z}{\partial x} + \frac{gh}{2\rho}\frac{\partial \rho}{\partial x} + g\frac{U|U|}{K^2 h^{4/3}} = 0 \tag{9.1}$$

式中,U 为断面平均流速;Z 为自由水面高程;h 为水深;g 为重力加速度;t 为时间;ρ 为水的密度;x 为从口门往上游延伸的距离(规定向河流方向为正);K 为曼宁摩擦系数的倒数。结果表明,在动量守恒方程中,余水位梯度主要由潮平均摩擦项来平衡(Vignoli et al.,2003;Buschman et al.,2009;Cai et al.,2014a,详见附录Ⅰ):

$$\overline{\frac{\partial Z}{\partial x}} = -\overline{\frac{U|U|}{K^2 h^{4/3}}} \tag{9.2}$$

式中,上划线表示潮平均值。对单一河道来说,假设口门处余水位为 0,结合式(9.2)得到余水位解析表达式:

$$\overline{Z}(x) = -\int_0^x \overline{\frac{\partial Z}{\partial x}} = -\int_0^x \overline{\frac{U|U|}{K^2 h^{4/3}}} \tag{9.3}$$

为了更好地表示河口区这种喇叭-棱柱形的形状特征,假定河口潮平均的断面横截面积 $\overline{A}$ 和河宽 $\overline{B}$ 呈指数函数变化(Toffolon et al.,2006;Cai et al.,2014a):

$$\overline{A} = \overline{A}_r + (\overline{A}_0 - \overline{A}_r)\exp\left(-\frac{x}{a}\right) \tag{9.4}$$

$$\overline{B} = \overline{B}_r + (\overline{B}_0 - \overline{B}_r)\exp\left(-\frac{x}{b}\right) \tag{9.5}$$

式中,$\overline{A}_0$ 和 $\overline{B}_0$ 分别为河口口门处潮平均的断面横截面积和河宽;$\overline{A}_r$ 和 $\overline{B}_r$ 分别为向上游最终趋近的断面横截面积和河宽;a 和 b 分别为断面横截面积和河宽的辐聚长度。这处地形拟合的优点在于,不仅能反映感潮河道下游的喇叭形状,而且能贴合上游近似棱柱形的河道形态。假定断面横截面为矩形,则潮平均水深为 $\overline{h} = \overline{A}/\overline{B}$。

Cai 等(2014a,2014b,2016c)的研究表明,径潮相互作用主要由四个无量纲参数控制,包括无量纲潮波振幅 ζ(表示外海边界条件)、河口形状参数 γ(表示河口断面横截面辐聚程度)、摩擦参数 χ(表示底床摩擦)、无量纲流量参数 φ(表示流量影响)。无量纲参数定义见表 9.1,其中 c 是潮波传播速度、η 是潮波振幅,υ 是流速振幅,U_r是径流流速,ω 是潮波频率,$r_s = B_s / \overline{B}$ 表示满槽河宽 B_s 与潮平均河宽 $\overline{B}$ 的比值,表示潮滩和盐沼等的纳潮效应,c_0 是无摩擦棱柱形河口的潮波传播速度,表达式为 $c_0 = \sqrt{g\overline{h}/ r_s}$ 。

表9.1　解析模型所用的无量纲参数

自变量	因变量
潮波振幅 $\zeta = \eta/\overline{h}$	衰减/增大参数 $\delta = c_0 \mathrm{d}\eta/(\eta\omega\mathrm{d}x)$
河口形状参数 $\gamma = c_0(\overline{A} - \overline{A}_r)/(\omega a \overline{A})$	流速振幅参数 $\mu = \upsilon/(r_s\zeta c_0) = \upsilon\overline{h}/(r_s\eta c_0)$
摩擦参数 $\chi = r_s g c_0 \zeta\,[1 - (4\zeta/3)^2]^{-1}/(\omega K^2 \overline{h}^{4/3})$	传播速度参数 $\lambda = c_0/c$
流量参数 $\varphi = U_r/\upsilon$	相位差 $\varepsilon = \pi/2 - (\phi_A - \phi_V)$

基于河口地形概化,Cai 等(2014a,2014b,2016c)将一维圣维南方程组简化为求解四个隐函数方程(涉及潮波振幅梯度、流速振幅、波速和相位差)。无量纲因变量主要有以下四个:潮波振幅梯度参数 δ(正值表示潮波沿程增大,负值表示衰减),流速振幅参数 μ 表示实际流速振幅与无摩擦棱柱形河口流速振幅的比值,波速参数 λ 表示无摩擦棱柱形河口传播速度与实际传播速度的比值,以及高潮位和高潮憩流(或低潮位和低潮憩流)之间的相位差 ε 。值得注意的是,ε 是河口分类的关键参数,$\varepsilon = 0$ 意味着潮波性质是驻波,$\varepsilon = \pi/2$ 意味着潮波性质是前进波。对于简谐波,$\varepsilon = \pi/2 - (\phi_A - \phi_V)$, ϕ_A 和 ϕ_V 分别表示流速和水位的相位。

值得注意的是,解析模型计算的四个无量纲参数 μ、δ、λ 和 ε,是基于固定位置的无量纲自变量值(ζ、γ、χ 和 φ)求解得到,只能代表局部的水动力变化。因此,要计算整个河段的径潮动力,需采用分段方法将河道分为多个河段,逐一计算潮波特征参数。对于口门处给定的潮波振幅梯度和振幅,通过线性积分形式,可确定沿程每个河段 Δx 距离(如间隔 1 km)的潮波振幅。因此,全河段解析解可以通过上述步骤逐步向上游方向求解得到。

9.4　三峡调蓄对长江河口径潮动力格局的影响

9.4.1　三峡调蓄后径潮动力格局的演变

为了定量研究三峡调蓄对下游径潮动力的影响,将时间序列分成两段:1979～
1984 年为三峡大坝调蓄前,2003～2014 年为三峡大坝运行阶段。图 9.1 为长江河
口 6 个潮位站实测潮差和余水位在三峡调蓄前后阶段的逐月分布,以及大通站流
量的逐月分布变化。图 9.1 和表 9.2 反映出三峡调蓄的显著影响,冬季 1～3 月的
月均流量分别增加了 35.5%、30.5% 和 16.4%;流量在秋季(9～11 月)分别降低
了 20.1%、33.2% 和 20.8%。产生这种结果的主要原因是秋季(尤其是 10 月)三
峡水库的蓄水作用。其他月份三峡对流量变化影响较小,可认为水库主要按三峡
建成前流量的自然变化规律来运行。

表 9.2　三峡调蓄前后大通站多年月均流量对比　　（单位:m³/s）

月份	1	2	3	4	5	6	7	8	9	10	11	12
调蓄前	9520	10527	16298	25050	30867	38283	49900	47276	45317	38467	23633	14810
调蓄后	12896	13733	18974	22165	30971	39180	44367	40590	36187	25682	18714	14203
变化值	3376	3206	2675	−2885	105	896	−5533	−6687	−9130	−12784	−4919	−607

由图 9.1(a)可见,三峡调蓄后,除了镇江站在 1～6 月潮差有所减小以外,其
他站多年月均潮差均增大。整体而言,三峡调蓄后,多年月均潮差的最大增加量
(0.20 m)发生在 10 月,这主要是由于三峡大坝蓄水导致流量的大幅减少。这表明
长江河口沿程潮汐动力有所增强(除镇江附近)。镇江呈现不同规律的原因可能
是,其位于枯季潮流界附近(Guo et al.,2015;Zhang F et al.,2018),且此处河道地形窄
深化导致潮波传播受到阻碍(Chen et al.,2012),因而枯季潮差明显减小。图 9.1(b)
显示多年月均余水位的逐月分布也随三峡调蓄而发生改变,呈现出枯季抬升洪季下
降的变化趋势,多年月均余水位在 1～3 月分别增加 0.26 m、0.30 m、0.16 m,在 9～
11 月,多年月均余水位分别减小 0.72 m、1.17 m、0.70 m。另外,余水位下降趋势
越往上游越明显。

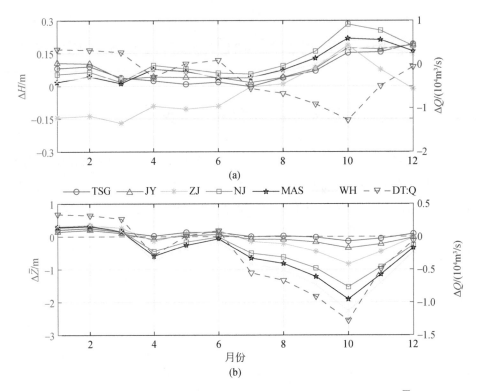

图 9.1　三峡调蓄前后长江河口沿程各站月均潮差 ΔH(a)和余水位 $\Delta \bar{Z}$(b)
及流量 ΔQ 的改变值

　　三峡调蓄主要通过改变流量来影响径潮相互作用过程,因此流量与主要潮波参数(潮波衰减率和余水位梯度)沿程变化关系,是定量分析径潮相互作用的有效切入点。潮波衰减率(δ_H)和余水位坡度(S)的表达式为

$$\delta_H = \frac{1}{(H_1 + H_2)/2} \frac{H_2 - H_1}{\Delta x} \qquad (9.6)$$

$$S = \frac{\bar{Z}_2 - \bar{Z}_1}{\Delta x} \qquad (9.7)$$

式中,H_1 和 $\bar{Z}_1$ 分别为外海边界处的潮波振幅和余水位;H_2 和 $\bar{Z}_2$ 分别为上游方向站点的潮波振幅和余水位。

　　基于潮位站月均潮波振幅计算得到各个河段潮波衰减率,如图 9.2 所示。镇江—南京和马鞍山—芜湖河段在三峡调蓄后 δ_H 明显增加(即衰减效应减弱),表明在三峡调蓄后流量有所减小,导致潮汐动力增强。然而江阴—镇江段 δ_H 减小(即衰减效应增强),这与镇江站月均潮差减小的时间段[图 9.1(a)中 1~5 月]相对

应。天生港—江阴和南京—马鞍山河段,δ_H没有明显变化。基于潮位站月均余水
位计算得到各个河段的余水位梯度,如图 9.3 所示。由图 9.3 可知,除江阴—镇江
段,长江河口余水位坡度均呈现下降趋势。这表明三峡蓄水后摩擦效应减弱,导致
与摩擦项平衡的余水位坡度减小(Cai et al.,2014a,2014b,2016c)。

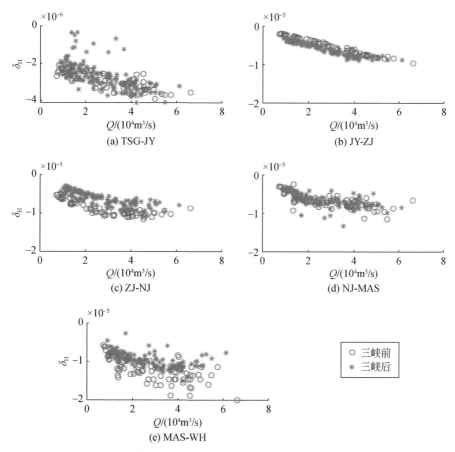

图 9.2　三峡调蓄前后长江河口沿程各河段潮波振幅衰减率 δ_H

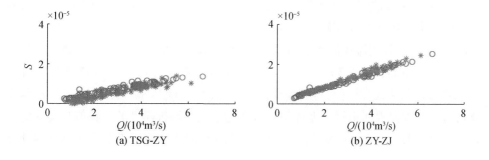

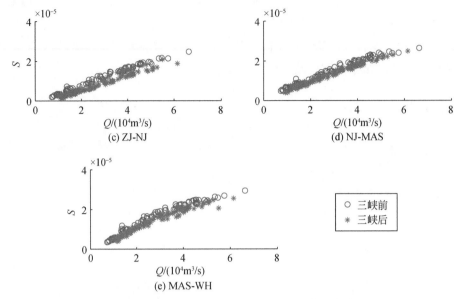

图9.3　三峡调蓄前后长江河口沿程各河段余水位坡度 S

9.4.2　长江河口余水位解析模型的构建

本章将余水位解析模型运用于长江口,外海和上游边界分别采用天生港潮波振幅和大通站流量。参与计算的河段长度为 470 km,覆盖天生港至大通全河段。三峡调蓄前后均采用基于 2007 年的河道地形得到的数字高程模型(DEM)统计出的地形几何特征参数(潮平均断面横截面积、河宽和水深)。相对平均海平面以下的河口断面横截面积与河宽度可由指数函数式(9.4)和式(9.5)拟合,拟合参数结果见表9.3。断面横截面积和河宽的辐聚长度分别为 $a=151$ km 和 $b=44$ km(Cai et al.,2018b),表明下游河道快速辐聚。长江口潮汐属于规则半日潮,因此解析模型选取 M_2 天文分潮的周期作为外海边界的输入。为简化解析模型的率定过程,假设 $r_s=1$(即忽略边滩的影响)。因此,模型只率定摩擦参数 K。本书将长江河口分段进行率定:下游潮流控制为主河段(0~32 km)$K=80$ $m^{1/3}/s$,上游径流控制为主河段(54~450 km)$K=55$ $m^{1/3}/s$。为避免模型中 K 值的突变,在河道过渡段($x=32~52$ km)采用线性插值,得到渐变的 K 值(K 值范围为 $80~55$ $m^{1/3}/s$ 并沿程递减),这种处理使得河道沿程摩擦更符合实际情况。解析模型的计算值与实测的潮波振幅和余水位对比见图9.4,采用相关系数 R^2(R^2 值越趋近于 1 表明模型的计算

结果与实测值吻合越好)来衡量模型计算的准确度,表明两者之间有较好的一致性
($R^2 > 0.95$)。因此,当前解析模型可在给定水动力和地形条件下有效反演长江河
口径潮相互作用过程。

表 9.3 长江河口地形概化参数

参数	河流端($\overline{A_r}/\overline{B_r}$)	口门处($\overline{A_0}/\overline{B_0}$)	辐聚长度(a/b)
断面横截面积	12135 m²	51776 m²	151 m²
河宽	2005 m	6735 m	44 km

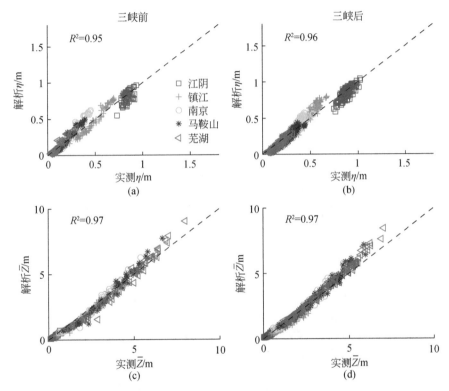

图 9.4 三峡调蓄前后长江河口解析模型计算潮波振幅 η(a)、(b)、余水位 $\overline{Z}$(c)、(d)
与实测值之间的对比

9.4.3 三峡调蓄对径潮动力格局的影响

图 9.5 和图 9.6 为径潮相互作用的四个特征参数(δ、λ、μ、ε)在三峡调蓄前后

阶段的季节性差异。相较于三峡调蓄前,三峡调蓄后春夏两季流量变化较小,因此对春夏季的径潮动力影响相对较弱,但在夏季流量达到峰值时,长江下游($x <$ 250 km)径潮动力受到微弱影响。三峡调蓄对流量的影响主要体现在秋季(水库调蓄导致秋季流量大幅度减小)和冬季(水库放水导致冬季流量有所增加)。另外,随着潮波向上游传播,存在一个潮波衰减率的临界位置,临界位置以上河段潮波衰减效应均减弱。潮波衰减率的阈值现象发生在春、夏、秋三季,其形成机制在讨论部分将进一步探讨。

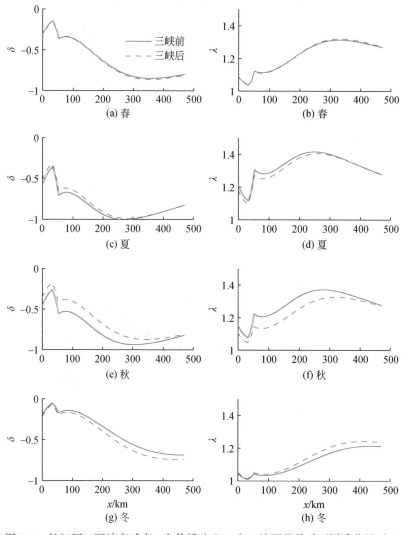

图 9.5　长江河口潮波衰减率 δ 和传播速度 λ 在三峡调蓄前后不同季节的对比

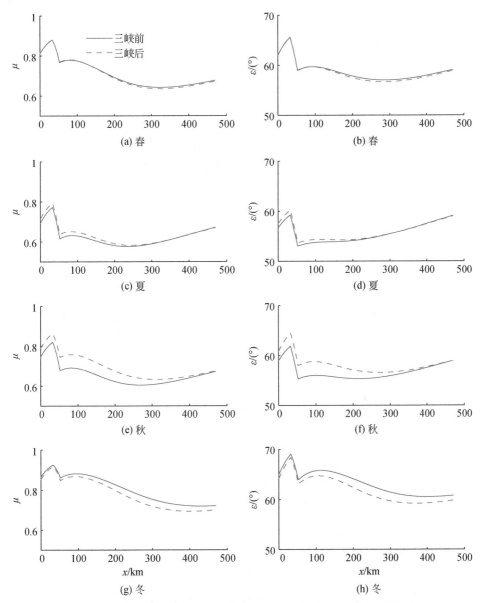

图 9.6　长江河口流速参数 μ 和相位差 ε 在三峡调蓄前后不同季节的对比

　　图 9.5(a)、(c)、(e)、(g)反映三峡调蓄前后沿程潮波衰减率 δ 的季节性变化,表明三峡调蓄后秋季潮波沿程衰减效应减弱,冬季有所增强,这与三峡调蓄导致流量季节性变化相对应,即冬季流量增加导致摩擦效应增强,最终使得潮波衰减效应

增强,反之亦然(Horrevoets et al.,2004;Cai et al.,2014a,2014b,2016c)。图9.5 (b)、(d)、(g)、(i)反映三峡调蓄前后沿程潮波传播速度 λ 的季节性变化,根据波速方程可知,潮波波速参数 λ 与潮波衰减率 δ 成正比,因此其变化与潮波衰减率 δ 类似。图9.6显示流速参数 μ 和相位差 ε 在三峡调蓄前后阶段的季节性差异。三峡调蓄对流速和相位差的影响效应类似,流量越大,μ 和 ε 值越小。图9.5和图9.6可以看出解析模型计算得到的无量纲参数在过渡区的两端存在突变,主要是由于模型所用摩擦系数发生突变导致。

总体而言,一方面,四个参数在靠近口门河段受三峡调蓄的影响较弱,主要是由于流量相比涨潮量而言较小。另一方面,四个参数在上游的变化也相对较小,这是由于潮波向上游传播过程中逐渐衰减。因此,三峡调蓄引起的径潮动力季节性变化在河口两端影响较小,在河口中段影响最大,这与基于数值模拟的结果结论基本一致(Zhang et al.,2018)。另外,水库调蓄改变引起径潮动力发生季节性变化在其他中潮河口(湄公河口和亚马孙河口)同样存在(Kosuth et al.,2009;Hecht et al.,2018)。

9.5　径潮动力格局演变的原因分析及其对水资源管理的影响

9.5.1　地形变化对径潮动力格局的影响

水库调蓄对下游流量和泥沙运动过程产生剧烈影响,逐渐成为河床演变的重要影响因子。之前的研究表明,由于水库对泥沙的拦截效应,距离三峡几百千米的下游河道发生严重侵蚀,尤其在2001~2002年,侵蚀速率高达65 Mt/a(Yang et al.,2014)。Lyu 等(2018)研究表明三峡建成后使得下游输沙量锐减,导致沉积物粒径、河道地形均发生显著改变,但这些调整仅限于靠近三峡的河道区域。本书解析模型中使用的河床高程数据取自2007年,仅比三峡建成(2003年)晚4年,并早于全面调蓄期(2009年)。另外,根据 Wang 等(2008)的结论,三峡距离长江河口口门处约1600 km,调蓄作用对下游河口产生影响具有4~5年的滞后效应。因此本书使用的地形数据不能完全代表三峡调蓄改变后的地形。由于三峡工程的持续累积影响,近年来长江口的地貌变化更显著。三峡库区泥沙淤积引起的河道地形演变可能对河口区径潮动力产生相当大的影响(如 Du et al.,2018;Shaikh et al.,2018)。河道地形调整对径潮动力格局的影响仍需进一步探索。

9.5.2　流量变化对径潮动力格局的影响

三峡水利工程具有多种功能,针对三峡的季节性流量调节及其对生态系统的影响已有诸多研究(如 Mei et al.,2015a,2015b;Chen et al.,2016;Guo et al.,2018)。但是调蓄对径潮相互作用的影响尚待深入探讨。本书采用解析模型模拟三峡调蓄前后径潮动力的时空分布,量化长江口径潮动力的沿程变化,包括形状参数 γ 和摩擦系数 χ (图9.7),以及余水位坡度 S 和水深 h (图9.8)。总体来看,从洪季(夏秋)到枯季(冬春)转变过程中,下游水位和相应的河流流量首先因蓄水而升高,之后由于水库放水而降低。三峡大坝调蓄引起的流量季节性变化显著改变了下游河口区的径潮动力关系,其中发生改变的最大值和最小值分别出现在秋季和春季。

图9.7 和图9.8 表明三峡调蓄后,河口形状参数 γ 和摩擦系数 χ 在洪季(夏秋)沿程增加,而三峡调蓄后流量减少引起余水位坡度 S 和水深 h 下降。而在口门处,潮汐的影响远大于径流,因此径潮动力变化幅度相对较小。在河口上游河段,径流占主导地位,由于潮汐动力沿程衰减,径潮动力变化幅度较小。因此,受三峡调蓄作用的影响,洪季长江河口中段径潮动力变化幅度最大。枯季(冬春),尤其是冬季,同河段径潮动力变化趋势与洪季相反,河口形状参数 γ 和摩擦系数 χ 减小,余水位坡度 S 和水深 h 由于三峡放水而略有抬升。另外,由于下游侵蚀基准面的控制影响,上游河段径潮动力受三峡调蓄引起的变化较下游剧烈。

9.5.3　径潮动力格局改变对水资源管理的影响

三峡大坝是目前世界上最大的水利工程,对下游水资源管理有诸多方面的影响,包括航运、防洪、潮区界位置的变化及盐水入侵等。

通航条件同时受高水位和低水位的控制,图9.9 为长江河口沿程 6 个潮位站的高水位[图9.9(a)]和低水位[图9.9(b)]概率密度累积曲线在三峡调蓄前后的变化。由图9.9 可知,一方面,由于三峡枯季放水,导致高水位和低水位占比均有所抬升,使得枯季通航条件有所改善。另一方面,洪季三峡蓄水导致流量减少,会对航运产生一定影响,但由于洪季平均水位相对较高,三峡调蓄对流量的改变相对较小,使得长江口夏秋两季流量减少幅度不大,不足以对航运产生影响(Chen et al.,2016)。综上所述,季节交错的流量调蓄增加了低水位比例,总体改善了通航条件。

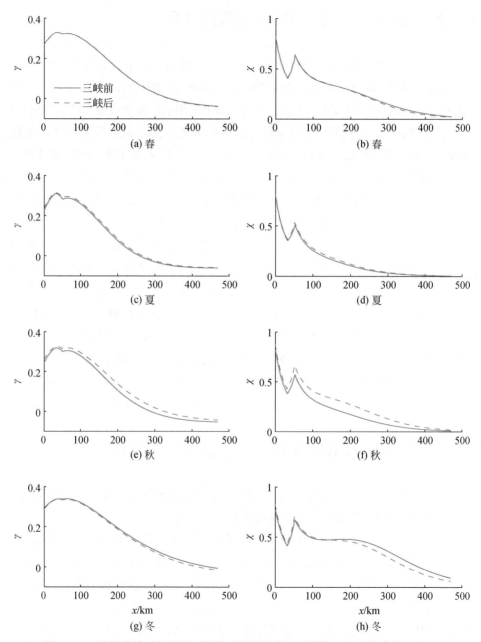

图9.7 三峡调蓄前后长江河口沿程不同季节的地形参数 γ 和摩擦参数 χ 对比

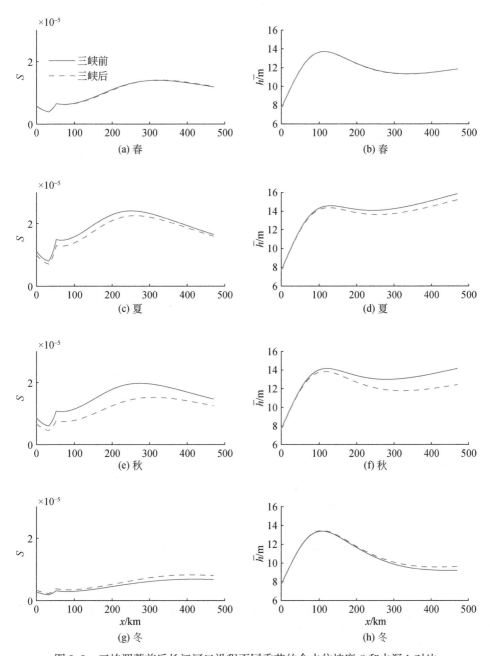

图 9.8　三峡调蓄前后长江河口沿程不同季节的余水位坡度 S 和水深 h 对比

　　防洪是大型河流修建水库的重要目的。三峡建成前,长江流域频繁遭受洪灾威胁,如1998年夏季洪灾造成3656人死亡,摧毁570万间房屋,另有700万间房屋受损。近20年已有许多研究估算了三峡的防洪能力(Zhao et al.,2013;Chen et al.,2014)。三峡的防洪能力受多因素影响(如 Huang et al.,2018),尤其是在河口区域,还受海洋潮汐影响。洪季阶段,三峡蓄水削弱洪峰水位。然而,由于潮汐动力的增强,河口中下段高水位和低水位均有所增加(图9.9),一定程度上削弱了三峡的防洪能力。例如,位于长江口上游的芜湖站,洪季最高高水位为8 m,其出现频率在三峡建成后增加了10%,相应的防洪标准由于高水位的增加而降低(Nakayama and Shankman,2013)。

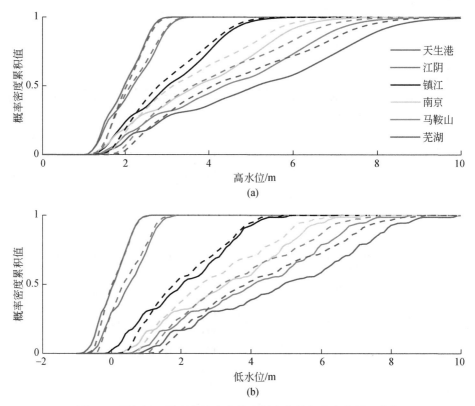

图9.9　长江河口沿程各站高水位和低水位的概率密度累积曲线

实线和虚线分别代表三峡调蓄前后

　　潮区界是指潮波传播沿河流方向上溯的最远端(潮波振幅与水深比值小于一个特定阈值,如0.02),其位置对于农业、航运和渔业资源管理等至关重要(Shi et al.,2018)。因此,本章将潮汐影响长度定义为从口门到潮区界的距离。一般来说,潮区界位置随着流量季节性变化而波动。潮位站数据显示枯季潮区界可到达南京站或更靠近上游的位置,洪季则被径流下推至镇江站附近,遇上大的洪水甚至下推至更下游的江阴站。图9.10为解析模型计算的潮区界位置在三峡调蓄前后的变化。由于枯季三峡放水补充下游流量,潮区界在1月和2月分别向下游移动45 km和39 km。枯季向洪季过渡阶段(1~5月),总流量增加,潮区界向下游继续小幅度移动。由于三峡调蓄后流量相对于调蓄前减少(表9.2),潮区界位置在4月发生逆转。三峡在6月开始蓄水,潮区界位置相较于调蓄前大幅度向上游移动。移动最远位置出现在10月,该时间段内潮区界在调蓄前由距口门175 km处向上游移至距口门250 km处。

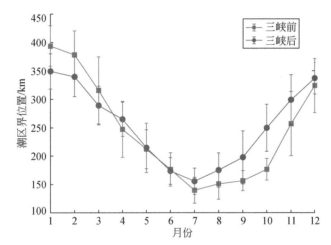

图9.10 三峡调蓄前后潮区界距天生港站的距离的逐月变化
垂向误差线表示解析模型计算值的标准差

三峡调蓄改变了潮区界位置,进而直接影响盐水入侵强度,特别是在枯季径流量较小、盐水入侵严重的时期(Cai et al.,2015)。径潮动力分析表明秋季由于流量减少,潮汐动力相对增强,盐水入侵也随之加剧。然而,冬季由于三峡径流补给,盐水入侵情况有所抑制,盐度等值线向海移动(An et al.,2009;Qiu and Zhu,2013)。相反,在洪季由于三峡蓄水,导致盐水入侵时间稍有延长和强度增强,但洪季是全年流量最大的时段,因此洪季盐水入侵对长江河口附近淡水水库的影响较小。三峡工程的运行总体上有利于减轻感潮河段的淡水补充压力。然而,为了量化三峡大坝运行对盐水入侵和相关水生态系统健康的潜在影响,需要进一步结合水动力模型与生态或盐水入侵模型进行详细分析（Qiu and Zhu，2013；Cai et al.，2015）。

9.6 小　　结

　　本章采用一维水动力解析模型探讨三峡大坝调蓄对长江口径潮动力格局的时空演变影响。研究表明，三峡调蓄引起的流量季节性变化对径潮动力格局有显著影响，特别是在秋、冬季节。这主要与洪转枯过渡阶段的大量蓄水和枯季少量泄水有直接关系。解析模型结果表明径潮动力格局演变主要受控于三峡大坝的流量调节而不是长江河口的地形变化。具体来讲，三峡对流量的调蓄直接导致地形参数（代表地形变化影响）、余水位坡度（代表潮波传播的有效摩擦）和径潮动力发生变化。本章以长江河口为例提出了一套定量分析大型水库调蓄对河口径潮动力格局影响的有效方法。研究结果能够为河口的水资源管理（如航道整治、防洪和盐水入侵等）提供技术支撑。

参 考 文 献

鲍道阳,朱建荣.2017a.近60年来长江河口河势变化及其对水动力和盐水入侵的影响Ⅱ[J].海洋学报,39(2):1-15.

鲍道阳,朱建荣.2017b.近60年来长江河口河势变化及其对水动力和盐水入侵的影响Ⅲ[J].海洋学报,39(4):1-15.

蔡华阳,杨昊,郭晓娟,杨清书,欧素英.2018.珠江磨刀门河口径潮动力耦合条件下余水位的多时空尺度分析[J].海洋学报,40(7):55-65.

陈吉余,陈沈良.2002.中国河口海岸面临的挑战[J].海洋地质动态,18(1):1-5.

陈吉余,徐海根.1995.三峡工程对长江河口的影响[J].长江流域资源与环境,4(3):242-246.

陈宗镛,路季平.1988.一维水域潮波运动非线性和底摩擦效应的探讨[J].黄渤海海洋,6(1):1-6.

杜勇.1989.河口变形效应与涌潮的形成[J].青岛海洋大学学报,19(3):28-33.

杜勇,陈宗镛,叶安乐.1989a.一种变截面河口中非线性潮波的研究[J].海洋学报,11(6):669-682.

杜勇,叶安乐,陈守镛.1989b.一种变截面河口中潮位与潮流相位关系的探讨[J].海洋学报,11(2):136-142.

方国洪.1980.潮汐摩擦的非线性效应(Ⅰ)[J].海洋与湖沼,11(2):98-107.

方国洪.1981.潮汐摩擦的非线性效应(Ⅱ)[J].海洋与湖沼,12(3):195-209.

郭磊城,朱春燕,何青,等.2017.长江河口潮波时空特征再分析[J].海洋通报,36(6):652-661.

胡光伟,毛德华,李正最,等.2014.三峡工程运行对洞庭湖与荆江三口关系的影响分析[J].海洋与湖沼,45(3):453-461.

蒋陈娟,杨清书,戴志军,等.2012.近几十年来珠江三角洲网河水位时空变化及原因初探[J].海洋学报,34(1):46-56.

李薇,苏正华,徐弋琅,等.2018.考虑泥沙减阻效应的潮波理论模型及其在钱塘江河口的应用[J].应用基础与工程科学学报,26(5):954-964.

刘锋,田向平,韩志远,等.2011.近四十年西江磨刀门水道河床演变分析[J].泥沙研究,(1):45-50.

路川藤,罗小峰,陈志昌.2010.长江口不同径流量对潮波传播的影响[J].人民长江,41(12):45-48.

路川藤,罗小峰,陈志昌.2016.长江潮流界对径流、潮差变化的响应研究[J].武汉大学学报(工学版),49(2):201-205.

欧素英,杨清书.2004.珠江三角洲网河区径流潮流相互作用分析[J].海洋学报,26(1):125-131.

欧素英,田枫,郭晓娟,等.2016.珠江三角洲径潮相互作用下潮能的传播和衰减[J].海洋学报,38(12):1-10.

欧素英,杨清书,杨昊,等.2017.河口三角洲径流和潮汐相互作用模型及应用[J].热带海洋学报,36(5):1-8.

钱力强,杜勇,俞光耀.1995.一维水域潮波运动的变浅效应[J].海洋与湖沼增刊,26(5):32-39.

石盛玉,程和琴,郑树伟,等.2017.三峡截流以来长江洪季潮区界变动河段冲刷地貌[J].海洋学报,39(3):85-95.

石盛玉,程和琴,玄晓娜,等.2018.近十年来长江河口潮区界变动[J].中国科学:地球科学,48(8):1085-1095.

谢丽莉,刘霞,杨清书,等.2015.人类活动驱动下伶仃洋洪季大潮水沙异变[J].泥沙研究,(3):56-62.

修日晨.1983.潮波在截面积变化水域中传播的探讨[J].海洋学报,5(6):687-693.

叶安乐.1983.杭州湾的潮汐——断面呈指数型变化的解析模式[J].海洋湖沼通报,4:9-16.

叶安乐.1984.一种变截面河中的潮汐响应[J].山东海洋学院学报,14(2):1-11.

叶安乐.1989.一种变截面河口中潮能的劈分与传输及其对杭州湾潮能估算的应用[J].海洋与湖沼,20(4):322-329.

张先毅,黄竞争,杨昊,欧素英,刘锋,蔡华阳,杨清书.2019.长江河口潮波传播机制及阈值效应分析[J].海洋与湖沼,50(4):788-798.

张萍,谢梅芳,杨昊,蔡华阳,欧素英,杨清书.2020.潮优型河口动力对水深变化的响应机制研究——以葡萄牙Guadiana河口为例[J].热带海洋学报,39(1):1-11.

朱建荣,鲍道阳.2016.近60年来长江河口河势变化及其对水动力和盐水入侵的影响Ⅰ.河势变化[J].海洋学报,38(12):11-22.

Alebregtse N C,de Swart H E.2014.Effect of a secondary channel on the non-linear tidal dynamics in a semi-enclosed channel:A simple model[J].Ocean Dynam,64(4):573-585,https://doi.org/10.1007/s10236-014-0690-0.

Alebregtse N C,de Swart H E,Schuttelaars H M.2013.Resonance characteristics of tides in branching channels[J].Fluid Mech,728,https://doi.org/10.1017/Jfm.2013.319.

Allen G P,Salomon J C,Bassoullet P,Dupenhoat Y,Degrandpre C.1980.Effects of tides on mixing and suspended sediment transport in macro-tidal estuaries[J].Sediment Geol,26(1-3):69-90.

An Q,Wu Y,Taylor S. 2009. Influence of the Three Gorges Project on saltwater intrusion in the Yangtze River Estuary[J]. Environ Geol,56:1679-1686,https://doi. org/10. 1007/s00254-008-1266-4.

Bennett A F. 1975. Tides in bristol channel[J]. Geophys J Roy Astr S,40(1):37-43,https://doi. org/10. 1111/j. 1365-246X. 1975. tb01604. x.

Brunier G,Anthony E J,Goichot M,Provansal M,Dussouillez P. 2014. Recent morphological changes in the Mekong and Bassac river channels,Mekong delta:The marked impact of river-bed mining and implications for delta destabilisation [J]. Geomorphology, 224: 177- 191, https://doi. org/10. 1016/j. geomorph. 2014. 07. 009.

Buschman F A, Hoitink A J F, van der Vegt M, Hoekstra P. 2009. Subtidal water level variation controlled by river flow and tides [J]. Water Resour Res, 45: W10420, https://doi. org/10. 1029/2009WR008167.

Cai H. 2014. A new analytical framework for tidal propagation in estuaries[D]. PhD Thesis, Delft: Delft University of Technology, https://doi. org/10. 4233/uuid:b3e7f2ab-b250-40ab-a353-d71377b6b73d. Available at:http://repository. tudelft. nl/view/ir/uuid:b3e7f2ab-b250-40ab-a353-d71377b6b73d/.

Cai H,Savenije H H G. 2013. Asymptotic behavior of tidal damping in alluvial estuaries[J]. Journal of Geophysical Research,118:1-16,https://doi. org/10. 1002/2013JC008772.

Cai H,Savenije H H G,Yang Q,Ou S,Lei Y. 2012a. The influence of river discharge and dredging on tidal wave propagation:The Modaomen estuary case[J]. Hydraul Eng,138(10):885-896,https://doi. org/10. 1061/(ASCE)HY. 1943-7900. 0000594.

Cai H,Savenije H H G,Toffolon M. 2012b. A new analytical framework for assessing the effect of sea-level rise and dredging on tidal damping in estuaries[J]. J Geophys Res-Atmos,117(C9):C09023.

Cai H,Savenije,H H G,Toffolon,M. 2014a. Linking the river to the estuary:Influence of river discharge on tidal damping[J]. Hydrology and Earth System Sciences,18:287-304,https://doi. org/10. 5194/hess-18-287-2014.

Cai H,Savenije H H G,Jiang C. 2014b. Analytical approach for predicting fresh water discharge in an estuary based on tidal water level observations[J]. Hydrology and Earth System Sciences,18:4153-4168,https://doi. org/10. 5194/hess-18-4153-2014.

Cai H,Savenije H H G,Zuo S,Jiang C,Chua V. 2015. A predictive model for salt intrusion in estuaries applied to the Yangtze estuary[J]. Journal of Hydrology,529:1336-1349,https://doi. org/10. 1016/j. jhydrol. 2015. 08. 050.

Cai H,Toffolon M,Savenije H H G. 2016a. An analytical approach to determining resonance in semi-closed convergent tidal channels[J]. Coastal Engineering Journal,58(3):1650009.

Cai H,Savenije H H G,Gisen J I A. 2016b. A coupled analytical model for salt intrusion and tides in alluvial estuaries [J]. Hydrological Sciences Journal, 61: 402-419, https://doi. org/10. 1080/02626667. 2015. 1027206.

Cai H, Savenije H H G, Jiang C, Zhao L, Yang Q. 2016c. Analytical approach for determining the mean water level profile in an estuary with substantial fresh water discharge [J]. Hydrology and Earth System Sciences, 20:1-19, https://doi. org/10. 5194/hess-20-1-2016.

Cai H, Toffolon M, Savenije H H G, Yang Q, Garel E. 2018a. Frictional interactions between tidal constituents in tide-dominated estuaries[J]. Ocean Science, 14:769-782, https://doi. org/10. 5194/os-14-769-2018.

Cai H, Yang Q, Zhang Z, Guo X, Liu F, Ou S. 2018b. Impact of river-tide dynamics on the temporal-spatial distribution of residual water levels in the Pearl River channel networks[J]. Estuar Coast, 41: 1885-1903, https://doi. org/10. 1007/s12237-018-0399-2.

Cai H, Huang J, Niu L, Ren L, Liu F, Ou S, Yang Q. 2019a. Decadal variability of tidal dynamics in the Pearl River Delta: Spatial patterns, causes, and implications for estuarine water management [J]. Hydrological Processes, 32:3805-3819, https://doi. org/10. 1002/hyp. 13291.

Cai H, Zhang X, Zhang M, Guo L, Liu F, Yang Q. 2019b. Impacts of Three Gorges Dam's operation on spatial-temporal patterns of tide-river dynamics in the Yangtze River estuary, China[J]. Ocean Sci, 15:583-599, https://doi. org/10. 5194/os-15-583-2019.

Cartwright D E. 1968. A unified analysis of tides and surges round north and east Britain [J]. Philo Trans R Soc London A, 263:1-55.

Cerralbo P, Grifoll M, Valle-Levinson A, Espino M. 2014. Tidal transformation and resonance in a short, microtidal Mediterranean estuary (Alfacs Bay in Ebre delta) [J]. Estuar Coast Shelf S, 145:57-68, https://doi. org/10. 1016/j. ecss. 2014. 04. 020.

Chant R J, Sommerfield C K, Talke S A. 2018. Impact of channel deepening on tidal and gravitational circulation in a highly engineered estuarine basin[J]. Estuaries and Coasts, (3):1-14.

Chen J, Wang Z, Li M, Wei T, Chen Z. 2012. Bedform characteristics during falling flood stage and morphodynamic interpretation of the middle-lower Changjiang (Yangtze) River channel, China[J]. Geomorphology, 147:18-26, https://doi. org/10. 1016/j. geomorph. 2011. 06. 042.

Chen J, Zhong P, Zhao Y. 2014. Research on a layered coupling optimal operation model of the Three Gorges and Gezhouba cascade hydropower stations[J]. Energ Convers Manage, 86:756-763, https://doi. org/10. 1016/j. enconman. 2014. 06. 043.

Chen J, Finlayson B L, Wei T, Sun Q, Webber M, Li M, Chen Z. 2016. Changes in monthly flows in the Yangtze River, China—with special reference to the Three Gorges Dam [J]. Hydrol, 536:293-301, https://doi. org/10. 1016/j. jhydrol. 2016. 03. 008.

Chernetsky A S, Schuttelaars H M, Talke S A. 2010. The effect of tidal asymmetry and temporal settling lag on sediment trapping in tidal estuaries[J]. Ocean Dynam, 60(5):1219-1241, https://doi. org/10. 1007/s10236-010-0329-8.

Church J A, White N J. 2006. A 20th century acceleration in global sea-level rise[J]. Geophys Res Lett,33:L01602,https://doi. org/10. 1029/ 2005GL024826.

Dai M, Wang J, Zhang M, Chen X. 2017. Impact of the Three Gorges Project operation on the water exchange between Dongting Lake and the Yangtze River[J]. Sediment Res,32:506-514,https://doi. org/10. 1016/j. ijsrc. 2017. 02. 006.

Deng J, Bao Y. 2011. Morphologic evolution and hydrodynamic variation during the last 30 years in the LINGDING Bay,South China Sea[J]. Journal of Coastal Research,64:1482-1489.

Diez-Minguito M, Baquerizo A, Ortega-Sanchez M, Navarro G, Losada M A. 2012. Tide transformation in the Guadalquivir estuary (SW Spain) and process-based zonation [J]. Geophys Res, 117 (C3): C03019,https://doi. org/10. 1029/2011jc007344.

Doodson A T. 1924. Perturbations of Harmonic Tidal Constants[M]. London:Proceedings of the Royal Society,513-526.

Dottori F, Martina M L V, Todini E. 2009. A dynamic rating curve approach to indirect discharge measurement[J]. Hydrol Earth Syst Sci,13:847-863,https://doi. org/10. 5194/hess-13-847-2009.

Dronkers J J. 1964. Tidal Computations in Rivers and Coastal Waters[M]. New York:Elsevier.

Du J L, Yang S L, Feng H. 2016. Recent human impacts on the morphological evolution of the Yangtze River delta foreland:A review and new perspectives[J]. Estuarine Coastal and Shelf Science,181: 160-169,https://doi. org/10. 1016/j. ecss. 2016. 08. 025.

Dyer K R. 1997. Estuaries:A Physical Introduction. 2nd ed[M]. New York:John Wiley,31-40.

Ensing E, de Swart H E, Schuttelaars H M. 2015. Sensitivity of tidal motion in well-mixed estuaries to cross-sectional shape,deepening,and sea level rise[J]. Ocean Dynam,65 (7):933-950,https://doi. org/10. 1007/s10236-015-0844-8.

Fang G. 1987. Nonlinear effects of tidal friction[J]. Acta Oceanol Sin,6(Suppl):105-122.

Friedrichs C T. 2010. Barotropic tides in channelized estuaries[M]//Contemporary Issues in Estuarine Physics. Cambridge:Cambridge Univ Press.

Friedrichs C T, Aubrey D G. 1988. Non-linear tidal distortion in shallow well-mixed estuaries: A synthesis [J]. Estuar Coast Shelf S, 27: 521-545, https://doi. org/10. 1016/0272-7714 (88) 90082-0.

Friedrichs C T, Aubrey D G. 1994. Tidal propagation in strongly convergent channels[J]. Geophys Res, 99(C2):3321-3336,https://doi. org/10. 1029/93jc03219.

Friedrichs C T, Aubrey D G. 2010. Tidal propagation in strongly convergent channels[J]. Journal of Geophysical Research,99(C2):3321-3336.

Garrett C. 1972. Tidal resonance in the Bay of Fundy and Gulf of Maine[J]. Nature,238:441-443, https://doi. org/10. 1038/238441a0.

Garcia-Lafuente J, Delgado J, Navarro G, Calero C, Diez-Minguito M, Ruiz J, SanchezGarrido J C. 2012. About the tidal oscillations of temperature in a tidally driven estuary: The case of guadalquivir estuary, Southwest Spain[J]. Estuar Coast Shelf S, 111:60-66.

Garel E. 2017. Present Dynamics of the Guadiana Estuary[M]//Guadiana River Estuary-Investigating the Past, Present and Future. Faro: University of Algarve.

Garel E, Cai H. 2018. Effects of Tidal-Forcing Variations on Tidal Properties Along a Narrow Convergent Estuary[J]. Estuar Coast, 41:1924-1942, https://doi.org/10.1007/s12237-018-0410-y.

Garel E, Ferreira O. 2013. Fortnightly changes in water transport direction across the mouth of a narrow estuary[J]. Estuar Coast, 36:286-299, https://doi.org/10.1007/s12237-012-9566-z.

Garel E, Pinto L, Santos A, Ferreira O. 2009. Tidal and river discharge forcing upon water and sediment circulation at a rockbound estuary (Guadiana estuary, Portugal)[J]. Estuar Coast Shelf S, 84:269-281, https://doi.org/10.1016/j.ecss.2009.07.002.

Garrett C, Greenberg D. 1977. Predicting changes in tidal regime: The open boundary problem[J]. Phys Oceanogr, 7(2):171-181.

Gay P S, O'Donnell J. 2007. A simple advection-dispersion model for the salt distribution in linearly tapered estuaries[J]. Journal of Geophysical Research, 112:C07021.

Gay P S, O'Donnell J. 2009. Comparison of the salinity structure of the Chesapeake Bay, the Delaware Bay and Long Island Sound using a linearly tapered advection-dispersion model[J]. Estuaries and Coasts, 32(1):68-87.

Giese B S, Jay D A. 1989. Modeling tidal energetics of the Columbia river estuary[J]. Estuarine Coastal Shelf Sci, 29(6):549-571.

Gisen J I A, Savenije H H G, Nijzink R C. 2015. Revised predictive equations for salt intrusion modelling in estuaries[J]. Hydrology and Earth System Sciences, 19(6):2791-2803.

Godin G. 1985. Modification of river tides by the discharge[J]. Waterw Port C-ASCE, 111:257-274.

Godin G. 1988. The resonant period of the Bay of Fundy[J]. Cont Shelf Res, 8:1005-1010, https://doi.org/10.1016/0278-4343(88)90059-3.

Godin G. 1991. Compact approximations to the bottom friction term for the study of tides propagating in channels[J]. Cont Shelf Res, 11:579-589. https://doi.org/10.1016/0278-4343(91)90013-V.

Godin G. 1993. On tidal resonance[J]. Cont Shelf Res, 13(1):89-107, https://doi.org/10.1016/0278-4343(93)90037-X.

Godin G. 1999. The propagation of tides up rivers with special considerations on the upper Saint Lawrence river[J]. Estuar Coast Shelf S, 48:307-324. https://doi.org/10.1006/ecss.1998.0422.

Godin G, Martinez A. 1994. Numerical experiments to investigate the effects of quadratic friction on the propagation of tides in a channel[J]. Cont Shelf Res, 14:723-748, https://doi.org/10.1016/0278-4343(94)90070-1.

Gong W, Shen J. 2011. The response of salt intrusion to changes in river discharge and tidal mixing during the dry season in the Modaomen Estuary, China[J]. Continental Shelf Research, 31:769-688, https://doi. org/10. 1016/j. csr. 2011. 01. 011.

Green G. 1837. On the motion of waves in a variable canal of small depth and width[J]. Mathematical Proceedings of the Cambridge Philosophical Society, 6:457-462.

Greenberg D A. 1979. A numerical model investigation of tidal phenomena in the Bay of Fundy and Gulf of Maine[J]. Marine Geodesy, 2(2):161-187, https://doi. org/10. 1080/15210607909379345.

Guo L, van der Wegen M, Roelvink J A, He Q. 2014. The role of river flow and tidal asymmetry on 1-D estuarine morphodynamics[J]. Journal of Geophysical Research- Earth Surface, 119:2315- 2334, https://doi. org/10. 1002/2014JF003110.

Guo L, van der Wegen M, Jay D A, Matte P, Wang Z B, Roelvink D J, He Q. 2015. River-tide dynamics: Exploration of non-stationary and nonlinear tidal behavior in the Yangtze River estuary[J]. Geophys Res, 120:3499-3521, https://doi. org/10. 1002/2014JC010491.

Guo L, van der Wegen M, Wang Z B, Roelvink D, He Q. 2016. Exploring the impacts of multiple tidal constituents and varying river flow on long-term, large-scale estuarine morphodynamics by means of a 1-D model[J]. Journal of Geophysical Research- Earth Surface, 121:1000- 1022, https://doi. org/ 10. 1002/2016JF003821.

Guo L, Su N, Zhu C, He Q. 2018. How have the river discharges and sediment loads changed in the Changjiang River basin downstream of the Three Gorges Dam[J]. Hydrol, 560:259-274, https://doi. org/10. 1016/j. jhydrol. 2018. 03. 035.

Heaps N S. 1978. Linearized vertically-integrated equation for residual circulation in coastal seas, Dtsch [J]. Hydrogr Z, 31:147-169, https://doi. org/10. 1007/BF02224467.

Hecht J S, Lacombe G, Arias M E, Duc Dang T, PimanT. 2018. Hydropower dams of the Mekong River basin, a review of their hydrological impacts[J]. Hydrol, 45: W10420, https://doi. org/10. 1016/ j. jhydrol. 2018. 10. 045.

Hoitink A J F, Jay D A. 2016. Tidal river dynamics: implications for deltas[J]. Geophys, 54:240-272, https://doi. org/10. 1002/2015RG000507.

Hoitink A J F, Wang Z B, Vermeulen B, Huismans Y, Kastner K. 2017. Tidal controls on river delta morphology[J]. Nature Geoscience, 10:637-645, https://doi. org/10. 1038/NGEO3000.

Horrevoets A C, Savenije H H G, Schuurman J N, Graas S. 2004. The influence of river discharge on tidal damping in alluvial estuaries[J]. Hydrol, 294(4):213-228.

Huang K, Ye L, Chen L, Wang Q, Dai L, Zhou J, Singh V P, Huang M, Zhang J. 2018. Risk analysis of flood control reservoir operation considering multiple uncertainties [J]. Hydrol, 565: 672-684, https://doi. org/10. 1016/j. jhydrol. 2018. 08. 040.

Hunt J N. 1964. Tidal oscillations in estuaries[J]. Geophysical Journal of the Royal Astronomical Society,8(4):440-455.

Ianniello J P. 1979. Tidally induced residual currents in estuaries of variable breadth and depth[J]. Phys Oceanogr,9(5):962-974,https://doi. org/10. 1175/1520-0485(1979)0090962:Tircie2. 0. Co;2.

Ippen A T. 1966. Tidal Dynamics in Estuaries,Part I:Estuaries of Rectangular Section,in Estuary and Coastline Hydrodynamics[M]. New York:McGraw-Hill.

Inoue R,Garrett C. 2007. Fourier representation of quadratic friction[J]. J Phys Oceanogr,37:593-610,https://doi. org/10. 1175/Jpo2999. 1.

Jay D A. 1991. Green's law revisited:Tidal long-wave propagation in channels with strong topography[J]. Journal of Geophysical Research,96(C11):20585-20598.

Jay D A,Flinchem E P. 1997. Interaction of fluctuating river flow with a barotropic tide: A demonstration of wavelet tidal analysis methods[J]. Geophys Res,102:5705-5720,https://doi. org/10. 1029/96JC00496.

Jay D A,Flinchem E P. 1999. A comparison of methods for analysis of tidal records containing multi-scale nontidal background energy[J]. Cont Shelf Res,19:1695-1732,https://doi. org/10. 1016/S0278-4343(99)00036-9.

Jay D A,Leffler K,Degens S. 2011. Long-term evolution of columbia river tides[J]. Waterw Port C-ASCE,137:182-191.

Jay D A,Leffler K,Diefenderfer H L,Borde A B. 2015. Tidal-fluvial and estuarine processes in the Lower Columbia River:I. Along-channel water level variations,Pacific Ocean to Bonneville Dam[J]. Estuar Coast,38:415-433,https://doi. org/10. 1007/s12237-014-9819-0.

Jeffreys H. 1970. The Earth:Its origin[M]//History and Physical Constitution,5th Edn. Cambridge: Cambridge University Press.

Jiang C,Pan S Q,Chen S L. 2017. Recent morphological changes of the Yellow River (Huanghe) submerged delta:Causes and environmental implications[J]. Geomorphology,293:93-107,https://doi. org/10. 1016/j. geomorph. 2017. 04. 036.

Jiang W S,Feng S Z. 2014. 3d analytical solution to the tidally induced Lagrangian residual current equations in a narrow bay[J]. Ocean Dynam,64(8):1073-1091,https://doi. org/10. 1007/s10236-014-0738-1.

Jones B E. 1916. A method of correcting river discharge for a changing stage[R]. Water Supply, 375. Washington:US Geological Survey.

Kabbaj A,Le Provost C. 1980. Nonlinear tidal waves in channels:A perturbation method adapted to the importance of quadratic bottom friction[J]. Tellus,32:143-163,https://doi. org/10. 1111/j. 2153-3490. 1980. tb00942. x.

Kastner K, Hoitink A J F, Torfs P J J F, Deleersnijder E, Ningsih N S. 2019. Propagation of tides along a river with a sloping bed [J]. Journal of Fluid Mechanics, 872: 39-73, https://doi. org/10. 1017/jfm. 2019. 331.

Kosuth P, Callède J, Laraque A, Filizola N, Guyot J L, Seyler P, Fritsch J M, Guimarães V. 2009. Sea-tide effects on flows in the lower reaches of the Amazon River[J]. Hydrol Process, 23:3141-3150, https://doi. org/10. 1002/hyp. 7387.

Ku D A, Greenberg L F, Garrett C J R, Dobson F W. 1985. Nodal modulation of the lunar semidiurnal tide in the Bay of Fundy and the Gulf of Maine[J]. Sciences, 230:69-71, https://doi. org/10. 1126/science. 230. 4721. 69.

Kuang C, Chen W, Gu J, Su T C, Song H, Ma Y, Dong Z. 2017. River discharge contribution to sea-level rise in the Yangtze River Estuary, China [J]. Cont Shelf Res, 134: 63-75, https://doi. org/10. 1016/j. csr. 2017. 01. 004.

Kuijper K, Van Rijn L C. 2011. Analytical and numerical analysis of tides and salinities in estuaries: part II: salinity distributions in prismatic and convergent tidal channels [J]. Ocean Dynamics, 61(11):1743-1765.

Kukulka T, Jay D A. 2003a. Impacts of Columbia River discharge on salmonid habitat:1. A nonstationary fluvial tide model[J]. J Geophys Res, 108:3293, https://doi. org/10. 1029/2002JC001382.

Kukulka T, Jay D A. 2003b. Impacts of Columbia River discharge on salmonid habitat:2. Changes in shallow-water habita[J]. J Geophys Res, 108:3294, https://doi. org/10. 1029/2003JC001829.

Lamb M P, Nittrouer J A, Mohrig D, Shaw J. 2012. Backwater and river plume controls on scour upstream of river mouths: Implications for fluvio-deltaic morphodynamics[J]. J Geophys Res, 117: F01002, https://doi. org/10. 1029/2011JF002079.

Lanzoni S, Seminara, G. 1998. On tide propagation in convergent estuaries [J]. J Geophys Res, 103 (C13):30793-30812, https://doi. org/10. 1029/1998JC900015.

LeBlond P H. 1978. Tidal propagation in Shallow Rivers[J]. Geophys Res, 83:4717-4721.

LeBlond P H. 1979. Forced fortnightly tides in shallow waters[J]. Atmos-Ocean, 17:253-264, https://doi. org/10. 1080/07055900. 1979. 9649064.

Leonardi N, Kolker A S, Fagherazzi S. 2015. Interplay between river discharge and tides in a delta distributary[J]. Water Resour, 80:69-78, https://doi. org/10. 1016/j. advwatres. 2015. 03. 005.

Le Provost C. 1973. Décomposition spectrale du terme quadratique de frottement dans les équations des marées littorales, C. R[J]. Acad Sci Paris, 276:653-656.

Le Provost C. 1991. Generation of overtides and compound tides(review)[J]. Tidal Hydrodynamics, 269-295.

Le Provost C, Fornerino M. 1985. Tidal spectroscopy of the English Channel with a numerical model[J]. Phys Oceanogr, 15: 1009-1031, https://doi. org/10. 1175/1520-0485 (1985) 015 < 1008:TSOTEC>2. 0. CO;2.

Le Provost C, Rougier G, Poncet A. 1981. Numerical modeling of the harmonic constituents of the tides, with application to the English Channel [J]. Phys Oceanogr, 11: 1123-1138, https://doi. org/ 10. 1175/1520-0485(1981)011<1123: NMOTHC>2. 0. CO;2.

Lewis R E, Lewis J O. 1987. Shear- stress variations in an estuary [J]. Estuarine Coastal Shelf Sci, 25(6) :621-635.

Lewis R E, Uncles R J. 2003. Factors affecting longitudinal dispersion in estuaries of different scale[J]. Ocean Dynamics, 53(3) :197-207.

Li C Y, Valle-Levinson A. 1999. A two-dimensional analytic tidal model for a narrow estuary of arbitrary lateral depth variation: The intratidal motion[J]. J Geophys Res, 104(C10) :23525-23543, https:// doi. org/10. 1029/1999jc900172.

Li W. 2008. Numerical modeling of tidal current on deep water channel project of Nansha Harbor District of Guangzhou Port[J]. Journal of Waterway and Harbor, 29:179-184(in Chinese).

Liang D F, Xia J Q, Falconer R A, Zhang J X. 2014. Study on tidal resonance in Severn Estuary and Bristol Channel[J]. Coast Eng, 56(1) :1450002-1-18, https://doi. org/10. 1142/S0578563414500028.

Liu F, Yuan L, Yang Q, Ou S, Xie L, Cui X. 2014. Hydrological responses to the combined influence of diverse human activities in the Pearl River delta, China[J]. Catena, 113:41-55, https://doi. org/ 10. 1016/j. catena. 2013. 09. 003.

Liu F, Chen H, Cai H, Luo X, Ou S, Yang Q. 2017. Impacts of ENSO on multi- scale variations in sediment discharge from the Pearl River to the South China Sea[J]. Geomorphology, 293:24-36, https://doi. org/10. 1016/j. geomorph. 2017. 05. 007.

Liu F, Hu S, Guo X, Cai H, Yang Q. 2018. Recent changes in the sediment regime of the Pearl River (South China), Causes and implications for the Pearl River Delta[J]. Hydrol Process, 32:1771-1785, https://doi. org/10. 1002/hyp. 11513.

Liu F, Xie R, Luo X, Yang L, Cai H, Yang Q. 2019. Stepwise adjustment of deltaic channels in response to human interventions and its hydrological implications for sustainable water managements in the Pearl River Delta, China [J]. Journal of Hydrology, 573: 194- 206, https://doi. org/10. 1016/ j. jhydrol. 2019. 03. 063.

Lorentz H A. 1926. Verslag staatscommissie zuiderzee(in dutch) [R]. Technical Report. Hague: Alg Landsdrukkerij the Netherlands.

Lowe J, Howard T , Pardaens A, Tinker J, Holt J, Wakelin S, Milne G, Leake J, Wolf J, Horsburgh K, Reeder T, Jenkins G, Ridley J, Dye S, Bradley S. 2009. UK Climate Projections science report: Marine and coastal projections[R]. Exeter: Met Office Hadley Centre.

Lu S, Tong C, Lee D Y, Zheng J, Shen J, Zhang W, Yan Y. 2015. Propagation of tidal waves up in Yangtze Estuary during the dry season[J]. J Geophys Res, 120:6445- 6473, https://doi. org/10. 1002/2014JC010414.

Lu X,Yang X,Li S. 2011. Dam not sole cause of Chinese drought[J]. Nature,475:174-175,https://doi. org/10. 1038/475174c.

Luan H,Ding P,Wang Z,Ge J Z. 2017. Process-based morphodynamic modeling of the Yangtze Estuary at a decadal timescale:Controls on estuarine evolution and future trends[J]. Geomorphology,290:347-364,https://doi. org/10. 1016/j. geomorph. 2017. 04. 016.

Luo X L,Zeng E Y,Ji R Y,Wang C P. 2007. Effects of inchannel sand excavation on the hydrology of the Pearl River Delta,China[J]. Hydrol,343(3-4):230-239.

Lyu Y,Zheng S,Tan G,Shu C. 2018. Effects of Three Gorges Dam operation on spatial distribution and evolution of channel thalweg in the Yichang-Chenglingji Reach of the Middle Yangtze River,China[J]. Hydrol,565:429-442,https://doi. org/10. 1016/j. jhydrol. 2018. 08. 042.

Mao Q,Shi P,Yin K,Gan J,Qi Y. 2004. Tides and tidal currents in the Pearl River estuary[J]. Continental Shelf Research,24:1797-1808,https://doi. org/10. 1016/j. csr. 2004. 06. 008.

Martins E S,Stedinger J R. 2000. Generalized maximumlikelihood generalized extreme- value quantile estimators for hydrologic data[J]. Water Resour Res,36:737-744,https://doi. org/10. 1029/1999wr900330.

Matte P,Jay D A,Zaron E D. 2013. Adaptation of classical tidal harmonic analysis to nonstationary tides,with application to river tides[J]. Atmos Ocean Tech,30:569-589,https://doi. org/10. 1175/Jtech-D-12-00016. 1.

Matte P,Secretan Y,Morin J. 2014. Temporal and spatial variability of tidal- fluvial dynamics in the St. Lawrence fluvial estuary:An application of nonstationary tidal harmonic analysis[J]. J Geophys Res,119:5724-5744,https://doi. org/10. 1002/2014JC009791.

Matte P,Secretan Y,Morin J. 2018. Reconstruction of tidal discharges in the St. Lawrence fluvial estuary:The method of cubature revisited[J]. J Geophys Res,123:5500- 5524,https://doi. org/10. 1029/2018JC013834.

Matte P,Secretan Y,Morin J. 2019. Drivers of residual and tidal flow variability in the St. Lawrence fluvial estuary:Influence on tidal wave propagation[J]. Cont Shelf Res,174:158- 173,https://doi. org/10. 1016/j. csr. 2018. 12. 008.

Mei X,Dai Z,Gelder P H A J,Gao J. 2015a. Linking three gorges dam and downstream hydrological regimes along the Yangtze River, China [J]. Earth Space Sci, 2: 94- 106, https://doi. org/10. 1002/2014EA000052.

Mei X,Dai Z,Du J,Chen J. 2015b. Linkage between Three Gorges Dam impacts and the dramatic recessions in China's largest freshwater lake,Poyang Lake[J]. Sci Rep,5:18197,https://doi. org/10. 1038/srep18127.

Molines J M,Fornerino M,Le Provost C. 1989. Tidal spectroscopy of a coastal area:Observed and simulated tides of the Lake Maracaibo system[J]. Cont Shelf Res,9:301- 323,https://doi. org/10. 1016/0278-4343(89)90036-8.

Monge-Ganuzas M, Cearreta A, Evans G. 2013. Morphodynamic consequences of dredging and dumping activities along the lower Oka estuary (Urdaibai Biosphere Reserve, southeastern Bay of Biscay, Spain) [J]. Ocean and Coastal Management, 77:40-49, https://doi. org/10. 1016/j. ocecoaman. 2012. 02. 006.

Nguyen A D, Savenije H H G. 2006. Salt intrusion in multi-channel estuaries: A case study in the Mekong Delta, Vietnam, Hydrol[J]. Earth Syst Sci, 10:743-754, https://doi. org/10. 5194/hess-10-743-2006.

Nakayama T, Shankman D. 2013. Impact of the Three-Gorges Dam and water transfer project on Changjiang floods, Glob[J]. Planet Change, 100:38-50, https://doi. org/10. 1016/j. gloplacha. 2012. 10. 004.

Parker B B. 1991. The relative importance of the various nonlinear mechanisms in a wide range of tidal interactions[J]. Tidal Hydrodynamics, NJ:237-268.

Pawlowicz R, Beardsley B, Lentz S. 2002. Classical tidal harmonic analysis including error estimates in MALAB using T-TIDE [J]. Comput Geosci, 28:929-937, https://doi. org/10. 1016/S0098-3004 (02)00013-4.

Pillsbury G B. 1956. Tidal Hydraulics[M]. Vicksburg: U. S. Army, Corps of Engineers Mississippi, 264.

Pingree R D. 1983. Spring tides and quadratic friction [J]. Deep-Sea Res Part A—Oceanographic Research Papers, 30:929-944. https://doi. org/10. 1016/0198-0149(83)90049-3.

Prandle D. 1981. Salinity intrusion in estuaries [J]. Journal of Physical Oceanography, 11 (10): 1311-1324.

Prandle D. 1985. Classification of tidal response in estuaries from channel geometry[J]. Geophysical Journal of the Royal Astronomical Society, 80(1):209-221.

Prandle D. 1997. The influence of bed friction and vertical eddy viscosity on tidal propagation[J]. Cont Shelf Res, 17:1367-1374, https://doi. org/10. 1016/S0278-4343(97)00013-7.

Prandle D. 2003. Relationships between tidal dynamics and bathymetry in strongly convergent estuaries[J]. Phys Oceanogr, 33(12):2738-2750.

Prandle D. 2004. How tides and river flows determine estuarine bathymetries [J]. Progress in Oceanography, 61:1-26, https://doi. org/10. 1016/j. procean. 2004. 03. 001.

Prandle D. 2009. Estuaries: Dynamics, Mixing, Sedimentation and Morphology [M]. New York: Cambridge Univ Press, 236.

Prandle D, Rahman M. 1980. Tidal response in estuaries[J]. Journal of Physical Oceanography, 10 (10):1552-1573.

Proudman J. 1953. Dynamical Oceanography[M]. London: Methuen.

Pan H, Lv X, Wang Y, Matte P, Chen H, Jin G. 2018. Exploration of tidal-fluvial interaction in the Columbia River estuary using S_TIDE[J]. Journal of Geophysical Research: Oceans, 123:6598-6619, https://doi. org/10. 1029/2018JC014146.

Qiu C,Zhu J. 2013. Influence of seasonal runoff regulation by the Three Gorges Reservoir on saltwater intrusion in the Changjiang River Estuary [J]. Cont Shelf Res, 71: 16-26, https://doi. org/ 10. 1016/j. csr. 2013. 09. 024.

Rahman M,Dustegir M,Karim R,Haque A,Nicholls R J,Darby S E,Nakagawa H,Hossain M,Dunn F E,Akter M. 2018. Recent sediment flux to the Ganges- Brahmaputra- Meghna delta system[J]. Sci Total Environ,643:1054-1064,https://doi. org/10. 1016/j. scitotenv. 2018. 06. 147.

Rainey R C T. 2009. The optimum position for a tidal power barrage in the Severn estuary[J]. Fluid Mech,636:497-507,https://doi. org/10. 1017/S0022112009991443.

Ralston D K, Talkes S, Geyer W R, Al- Zubaidi H A M, Sommerfield C K. 2019. Bigger tides, less flooding:Effects of dredging on barotropic dynamics in a highly modified estuary[J]. Journal of Geophysical Research:Oceans,124:196-211.

Räsänen T A,Someth P,Lauri H,Koponen J,Sarkkula J,Kummu M. 2017. Observed river discharge changes due to hydropower operations in the Upper Mekong Basin[J]. Hydrol,545:28-41,https:// doi. org/10. 1016/j. jhydrol. 2016. 12. 023.

Robinson I S. 1980. Tides in the Bristol Channel- an analytical wedge model with friction[J]. Geophys Roy Astr S,62(1):77-95,https://doi. org/10. 1111/j. 1365-246X. 1980. tb04845. x.

Roos P C, Schuttelaars H M. 2011. Influence of topography on tide propagation and amplification in semi- enclosed basins[J]. Ocean Dynam, 61 (1): 21- 38, https://doi. org/10. 1007/s10236- 010- 0340-0.

Roos P C,Velema J J,Hulscher S J M H,Stolk A. 2011. An idealized model of tidal dynamics in the North Sea:Resonance properties and response to large- scale changes[J]. Ocean Dynam,61(12): 2019-2035,https://doi. org/10. 1007/s10236-011-0456- x.

Sassi M G,Hoitink A J F. 2013. River flow controls on tides and tide-mean water level profiles in a tidal freshwater river[J]. J Geophys Res,118:4139-4151,https://doi. org/10. 1002/Jgrc. 20297.

Savenije H H G. 1986. A one- dimensional model for salinity intrusion in alluvial estuaries[J]. Journal of Hydrology,85(1-2):87-109.

Savenije H H G. 1989. Salt intrusion model for high- water slack, low- water slack, and mean tide on spread sheet[J]. Journal of Hydrology,107(1):9-18.

Savenije H H G. 1992a. Lagrangian solution of St Venants equations for alluvial estuary[J]. Journal of Hydraulic Engineering,118(8).1153 1163.

Savenije H H G. 1992b. Rapid assessment technique for salt intrusion in alluvial estuaries [D]. Ph. D. thesis,Int. Inst. for Infrastructure,Hydraul. And Environ,Delft,Netherlands.

Savenije H H G. 1993a. Predictive model for salt intrusion in estuaries [J]. Journal of Hydrology, 148(1):203-218.

Savenije H H G. 1993b. Determination of estuary parameters on basis of a Lagrangian analysis[J]. Journal of Hydraulic Engineering,119(5):628-642.

Savenije H H G. 1998. Analytical expression for tidal damping in alluvial estuaries[J]. Journal of Hydraulic Engineering,124(6):615-618.

Savenije H H G. 2001. A simple analytical expression to describe tidal damping or amplification[J]. Journal of Hydrology,243(3-4):205-215.

Savenije H H G. 2005. Salinity and tides in alluvial estuaries[M]. Amsterdam:Elsevier.

Savenije H H G. 2012. Salinity and tides in alluvial estuaries(2nd completely revised edition)[M]. Amsterdam:Elsevier.

Savenije H H G,Veling E J M. 2005. Relation between tidal damping and wave celerity in estuaries[J]. Journal of Geophysical Research,110:C04007,https://doi. org/10. 1029/2004JC002278.

Savenije H H G,Toffolon M,Haas J,Veling E J M. 2008. Analytical description of tidal dynamics in convergent estuaries[J]. Journal of Geophysical Research,113:C10025.

Schuttelaars H M,de Jonge V N,Chernetsky A. 2013. Improving the predictive power when modelling physical effects of human interventions in estuarine systems[J]. Ocean Coastal Manage,79:70-82, https://doi. org/10. 1016/j. ocecoaman. 2012. 05. 009.

Shaikh B Y,Bansal R K,Das S K. 2018. Propagation of Tidal Wave in Coastal Terrains with Complex Bed Geometry[J]. Environ Process,5:519-537,https://doi. org/10. 1007/s40710-018-0314-7.

Shi S,Cheng H,Xuan X,Hu F,Yuan X,Jiang Y,Zhou Q. 2018. Fluctuations in the tidal limit of the Yangtze River estuary in the last decade[J]. China Earth Sci,61:1136-1147,https://doi. org/ 10. 1007/s11430-017-9200-4.

Souza A J,Hill A E. 2006. Tidal dynamics in channels:Single channels[J]. J Geophys Res,111(C9), https://doi. org/10. 1029/2006jc003469.

Syvitski J P M,Kettner A J,Overeem I,Hutton E W H,Hannon M T,Brakenridge G R,Day J, Vorosmarty C,Saito Y,Giosan L,Nicholls R J. 2009. Sinking deltas due to human activities[J]. Nature Geoscience,2:681-686,https://doi. org/10. 1038/NGEO629.

Talke S A,Jay D A. 2020. Changing tides:The role of natural and anthropogenic factors[J]. Annual Review of Marine Science,12(1):121-151,https://doi. org/10. 1146/annurev-marine-010419-010727.

Taylor G I. 1921. Tides in the bristol channel[J]. P Camb Philos Soc,20:320-325.

Toffolon M,Savenije H H G. 2011. Revisiting linearized one-dimensional tidal propagation[J]. Journal of Geophysical Research,116:C07007.

Toffolon M,Vignoli G,Tubino M. 2006. Relevant parameters and finite amplitude effects in estuarine hydrodynamics [J]. Journal of Geophysical Research, 111: C10014, https://doi. org/10. 1029/2005JC003104.

Uncles R J. 1981. A note on tidal asymmetry in the Severn estuary[J]. Estuarine Coastal Shelf Sci, 13(4):419-432.

Valle-Levinson A. 2010. Definition and Classification of Estuaries, in Contemporary Issues in Estuarine Physics[M]. Cambridge:Cambridge Univ Press,1-10.

Van der Burgh P. 1972. Ontwikkeling van een methode voor het voorspellen van zoutverdelingen in estuaria, kanalen en zeeen[R]. Rijkswaterstaat, Deltadienst.

Van Maren D S, Oost A P, Wang Z B, Vos P C. 2016. The effect of land reclamations and sediment extraction on the suspended sediment concentration in the Ems Estuary[J]. Marine Geology,376: 147-157, https://doi. org/10. 1016/j. margeo. 2016. 03. 007.

Van Rijn L C. 2011. Analytical and numerical analysis of tides and salinities in estuaries;part I:tidal wave propagation in convergent estuaries[J]. Ocean Dynamics,61(11):1719-1741.

Vignoli G, Toffolon M, Tubino M. 2003. Non-linear frictional residual effects on tide propagation, in Proceedings of XXX IAHR Congress[J]. Int Assoc of Hydraul Eng and Res, Madrid, Spain, 291-298.

Wang Y, Ridd P V, Wu H, Wu J, Shen H. 2008. Long- term morphodynamic evolution and the equilibrium mechanism of a flood channel in the Yangtze Estuary (China)[J]. Geomorphology,99: 130-138, https://doi. org/10. 1016/j. geomorph. 2007. 10. 003.

Wang Z B, Winterwerp J C, He Q. 2014. Interaction between suspended sediment and tidal amplification in the Guadalquivir estuary [J]. Ocean Dynam, 64 (10): 1487- 1498, https://doi. org/10. 1007/ s10236-014-0758-x.

Wang Z B, Van Maren D S, Ding P X, Yang S L, Van Prooijen B C, De Vet P L M, Winterwerp J C, De Vriend H J, Stive M J F, He Q. 2015. Human impacts on morphodynamic thresholds in estuarine systems[J]. Continental Shelf Research,111:174-183, https://doi. org/10. 1016/j. csr. 2015. 08. 009.

Waterhouse A F, Valle-Levinson A, Winant C D. 2011. Tides in a system of connected estuaries[J]. Phys Oceanogr,41(5):946-959, https://doi. org/10. 1175/2010jpo4504. 1.

Webb D J. 2012. On the shelf resonances of the Gulf of Carpentaria and the Arafura Sea[J]. Ocean Sci, 8:733-750, https://doi. org/10. 5194/os-8-733-2012.

Webb D J. 2013. On the shelf resonances of the English Channel and Irish Sea[J]. Ocean Sci,9:731-744, https://doi. org/10. 5194/os-9-731-2013.

Webb D J. 2014. On the tides and resonances of Hudson Bay and Hudson Strait[J]. Ocean Sci,10:411-426, https://doi. org/10. 5194/os-10-411-2014.

Winant C D. 2007. Three- dimensional tidal flow in an elongated, rotating basin[J]. Phys Oceanogr, 37(9):2345-2362, https://doi. org/10. 1175/Jpo3122. 1.

Winterwerp J C, Wang Z B. 2013. Man-induced regime shifts in small estuaries-I:theory[J]. Ocean Dynamics,63(11-12):1279-1292.

Wright L D, Coleman J M, Thom B G. 1973. Processes of channel development in a high-tide-range environment-Cambridge Gulf-Ord River Delta, Western Australia[J]. Geol, 81(1): 15-41.

Wu C, Yang S, Huang S, Mu J. 2016. Delta changes in the Pearl River estuary and its response to human activities (1954-2008) [J]. Quaternary International, 392: 147-154, https://doi. org/10. 1016/j. quaint. 2015. 04. 009.

Wu Z, Milliman J, Zhao D, Zhou J, Yao C. 2014. Recent geomorphic change in LingDing Bay, China, in response to economic and urban growth on the Pearl River Delta, Southern China[J]. Global and Planetary Change, 123: 1-12, https://doi. org/10. 1016/j. gloplacha. 2014. 10. 009.

Wu Z, Saito Y, Zhao D, Zhou J, Cao Z, Li S, Shang J, Liang Y. 2016. Impact of human activities on subaqueous topographic change in Lingding Bay of the Pearl River estuary, China, during 1955-2013[J]. Scientific Reports, 6, https://doi. org/Artn 37742 10. 1038/Srep37742.

Xia J Q, Falconer R A, Lin B L. 2010. Impact of different tidal renewable energy projects on the hydrodynamic processes in the Severn Estuary, UK[J]. Ocean Model, 32(1-2): 86-104, https://doi. org/10. 1016/j. ocemod. 2009. 11. 002.

Yang S, Milliman J D, Xu K, Deng B, Zhang X, Luo X. 2014. Downstream sedimentary and geomorphic impacts of the Three Gorges Dam on the Yangtze River[J]. Earth-Science Reviews, 138: 469-486, http://dx. doi. org/10. 1016/j. earscirev. 2014. 07. 006.

Zhang E, Savenije H H G, Wu H, Kong Y, Zhu J. 2011. Analytical solution for salt intrusion in the Yangtze Estuary, China[J]. Estuar Coast Shelf S, 91: 492-501.

Zhang E, Savenije H H G, Chen S, Mao X. 2012. An analytical solution for tidal propagation in the Yangtze Estuary, China[J]. Hydrol Earth Syst Sci, 16: 3327-3339, https://doi. org/10. 5194/hess-16-3327-2012.

Zhang F, Sun J, Lin B, Huang G. 2018. Seasonal hydrodynamic interactions between tidal waves and river flows in the Yangtze Estuary[J]. Mar Syst, 186: 17-28, https://doi. org/10. 1016/j. jmarsys. 2018. 05. 005.

Zhang M, Townend I, Cai H, ZhouY. 2015a. Seasonal variation of tidal prism and energy in the Changjiang River estuary: A numerical study, China [J]. Oceanol Limn, 34: 219-230, https://doi. org/10. 1007/s00343-015-4302-8.

Zhang M, Townend I, Cai H, Zhou Y. 2015b. Seasonal variation of river and tide energy in the Yangtze estuary, China[J]. Earth Surf Proc Land, 41: 98-116, https://doi. org/10. 1002/esp. 3790.

Zhang W, Ruan X, Zheng J, Zhu Y, Wu H. 2010. Long-term change in tidal dynamics and its cause in the Pearl River Delta, China [J]. Geomorphology, 120: 209-223, https://doi. org/10. 1016/j. geomorph. 2010. 03. 031.

Zhang W, Xu Y, Hoitink A J F, Sassi M G, Zheng J, Chen X, Zhang C. 2015. Morphological change in the Pearl River Delta, China [J]. Marine Geology, 363: 202-219, https://doi. org/10. 1016/j. margeo. 2015. 02. 012.

Zhang W, Feng H C, Hoitink A J F, Zhu Y L, Gong F. 2017. Tidal impacts on the subtidal flow division at the main bifurcation in the Yangtze River Delta[J]. Eastuar Coast Shelf S, 196:301-314, https://doi. org/10. 1016/j. ecss. 2017. 07. 008.

Zhang W, Cao Y, Zhu Y, Zheng J, Ji X, Xu Y, Wu Y, Hoitink A J F. 2018. Unravelling the causes of tidal asymmetry in deltas [J]. Journal of Hydrology, 564:588-604, https://doi. org/10. 1016/j. jhydrol. 2018. 07. 023.

Zhao T, Zhao J, Yang D, Wang H. 2013. Generalized martingale model of the uncertainty evolution of streamflow forecasts[J]. Water Resour, 57:41-51, https://doi. org/10. 1016/j. advwatres. 2013. 03. 008.

Zhong L J, Li M, Foreman M G G. 2008. Resonance and sea level variability in Chesapeake bay[J]. Cont Shelf Res, 28(18):2565-2573, https://doi. org/10. 1016/j. csr. 2008. 07. 007.

Zhou J T, Pan S Q, Falconer R A. 2014. Effects of open boundary location on the far- field hydrodynamics of a Severn Barrage [J]. Ocean Model, 73:19- 29, https://doi. org/10. 1016/j. ocemod. 2013. 10. 006.

Zhou Z, Coco G, Townend I, Olabarrieta M, van der Wegen M, Gong Z, D'Alpaos A, Gao S, Jaffe B E, Gelfenbaum G, He Q, Wang Y, Lanzoni S, Wang Z B, Winterwerp H, Zhang C. 2017. Is "Morphodynamic Equilibrium" an oxymoron[J]. Earth- Sci Rev, 165:257- 267, https://doi. org/10. 1016/j. earscirev. 2016. 12. 002.

Zhou Z, Coco G, Townend I, Gong Z, Wang Z B, Zhang C K. 2018. On the stability relationships between tidal asymmetry and morphologies of tidal basins and estuaries[J]. Earth Surf Proc Land, 43:1943-1959, https://doi. org/10. 1002/esp. 4366.

Zimmerman J T F. 1982. On the Lorentz linearization of a quadratically damped forced oscillator[J]. Phys Lett A, 89(3):123-124, https://doi. org/10. 1016/0375-9601(82)90871-4.

附录　解析理论推导

本书的解析理论主要基于 Savenije(2012)提出的包络线方法,该方法采用拉格朗日坐标体系,跟踪水质点的运动,推导得出高潮位和低潮位包络线的解析表达式,两者相减得到一个描述潮波振幅梯度变化的解析方程,该方程同时保留非线性摩擦项中二次流速项及水力半径周期性变化的影响。其中,非线性摩擦项的线性化是解析理论的核心,不同的线性化表达式将得到相对应的描述潮波振幅梯度变化的解析方程。该方程与尺度方程[式(2.14)]、相位方程[式(2.15)]和波速方程[式(2.16)]联解可得一维潮波传播的解析解。针对潮优型河口的潮波传播问题,附录 A 和 B 分别给出线性和基于 Dronkers 切比雪夫多项式分解方法的潮波振幅梯度方程包络线法推导过程;针对半封闭河口潮波传播问题,附录 C 和 D 分别给出单一分潮潮波传播的解析解及无摩擦条件下共振的解析解;针对不同分潮之间的非线性相互作用问题,附录 E 给出基于 Godin 切比雪夫多项式分解方法的二次流速项分解过程;针对河优型河口的潮波传播问题,附录 F ~ H 分别给出线性、基于 Dronkers 和基于 Godin 切比雪夫多项式分解方法的潮波振幅梯度方程包络线法推导过程;附录 I 为非线性摩擦项引起的余水位解析表达式推导。

附录 A　潮优型河口线性潮波振幅梯度方程的 包络线法推导

采用拉格朗日方法代替传统的欧拉方法分析潮波运动时,可得连续性方程(Savenije,2005,2012):

$$\frac{\mathrm{d}V}{\mathrm{d}t} = r_{\mathrm{s}} \frac{c}{h} \frac{\mathrm{d}h}{\mathrm{d}t} - \frac{cV}{a} + cV \frac{1}{\eta} \frac{\mathrm{d}\eta}{\mathrm{d}x} \tag{A.1}$$

动量守恒方程亦可在拉格朗日体系中表达,其微分方程为

$$\frac{\mathrm{d}V}{\mathrm{d}t} + g \frac{\mathrm{d}h}{\mathrm{d}x} + g(I_{\mathrm{b}} - I_{\mathrm{r}}) + g \frac{V|V|}{K^2 h^{4/3}} = 0 \tag{A.2}$$

式中, I_b 为底床坡度; I_r 为由密度梯度引起的余水位坡度。

联立式(A.1)和式(A.2),代入式子 $V = \mathrm{d}x/\mathrm{d}t$ 后得到:

$$r_s \frac{cV}{gh} \frac{\mathrm{d}h}{\mathrm{d}x} - \frac{cV}{g}\left(\frac{1}{a} - \frac{1}{\eta}\frac{\mathrm{d}\eta}{\mathrm{d}x}\right) + \frac{\partial h}{\partial x} + I_b - I_r + \frac{V|V|}{K^2 h^{4/3}} = 0 \qquad (A.3)$$

如果考虑高低潮位的情况,那么以下关系式成立,其中,潮差 $H(H = 2\eta, \eta$ 为潮波振幅)为 h_{HW} 和 h_{LW} 的差值:

$$2\frac{\mathrm{d}\eta}{\mathrm{d}x} = \frac{\mathrm{d}h_{HW}}{\mathrm{d}x} - \frac{\mathrm{d}h_{LW}}{\mathrm{d}x} \qquad (A.4)$$

此外,在高低潮位时刻有:

$$\left.\frac{\partial h}{\partial t}\right|_{HW,LW} = 0 \qquad (A.5)$$

因此,可得:

$$\frac{\mathrm{d}h_{HW,LW}}{\mathrm{d}x} = \left.\frac{\partial h}{\partial t}\right|_{HW,LW} \qquad (A.6)$$

假定潮波是不变形的(在 $\eta/\bar{h} \ll 1$ 的情况下),则潮波衰减与平均水深 $\bar{h}$ 成正比,可得余水位坡度的表达式:

$$\frac{\mathrm{d}h_{HW}}{\mathrm{d}x} + \frac{\mathrm{d}h_{LW}}{\mathrm{d}x} \approx 2\frac{\mathrm{d}\bar{h}}{\mathrm{d}x} = 2I \qquad (A.7)$$

式中,

$$h_{HW} \approx \bar{h} + \eta, \quad h_{LW} \approx \bar{h} - \eta \qquad (A.8)$$

以上 3 个近似方程式(A.4)、式(A.6)和式(A.7)在小振幅波,即 $\eta/\bar{h} \ll 1$ 情况下基本合理,不影响后续的推导。

高、低潮时刻的潮流流速可通过以下公式求得:

$$U_{HW} \approx v\sin(\varepsilon), U_{LW} \approx -v\sin(\varepsilon) \qquad (A.9)$$

此外,由于水深不同高潮位的传播速度不等于低潮的传播速度,但依然可以假设它们与潮波的平均传播速度 c 是成比例的,因此对于小振幅波:

$$\frac{c_{HW}}{h_{HW}} \approx \frac{c_{LW}}{h_{LW}} \approx \frac{c}{h} \qquad (A.10)$$

$$c_{HW} + c_{LW} \approx 2c \qquad (A.11)$$

为了与 Savenije 等(2008)的准非线性模型相比较,通过洛伦兹线性化方法可得非线性摩擦项为(Lorentz,1926)

$$\frac{V|V|}{K^2 h^{4/3}} = \frac{8}{3\pi} \frac{v}{K^2 \bar{h}^{4/3}} V \qquad (A.12)$$

联立式(A.3)、式(A.4)及式(A.12)可得高潮位包络曲线的表达式:

$$\frac{r_S c_{HW} v \sin(\varepsilon)}{g(\bar{h} + \eta)} \frac{dh_{HW}}{dx} - \frac{c_{HW} v \sin(\varepsilon)}{g}\left(\frac{1}{a} - \frac{1}{\eta}\frac{d\eta}{dx}\right) + \frac{dh_{HW}}{dx} + \frac{8}{3\pi}\frac{v^2 \sin(\varepsilon)}{K^2 \bar{h}^{4/3}} = -I_b + I_r$$

(A.13)

类似的,低潮位包络曲线的表达式为

$$-\frac{r_S c_{LW} v \sin(\varepsilon)}{g(\bar{h} - \eta)} \frac{dh_{LW}}{dx} - \frac{c_{LW} v \sin(\varepsilon)}{g}\left(\frac{1}{a} - \frac{1}{\eta}\frac{d\eta}{dx}\right) + \frac{dh_{LW}}{dx} + \frac{8}{3\pi}\frac{v^2 \sin(\varepsilon)}{K^2 \bar{h}^{4/3}} = -I_b + I_r$$

(A.14)

考虑传播速度是对称的假设式(A.10)、式(A.11),包络化方程式(A.13)和式(A.14)相减可得以下表达式:

$$-\frac{r_S cv\sin(\varepsilon)}{\bar{h}}\left(\frac{dh_{HW}}{dx} + \frac{dh_{LW}}{dx}\right) - 2cv\sin(\varepsilon)\left(\frac{1}{a} - \frac{1}{\eta}\frac{d\eta}{dx}\right) + g\frac{d\eta}{dx} + \frac{16}{3\pi}f_L\frac{v^2 \sin(\varepsilon)}{\bar{h}} = 0$$

(A.15)

$$f_L = \frac{8}{3\pi}\frac{g}{K^2 \bar{h}^{1/3}}$$

(A.16)

式(A.15)的第一项括号之间的参数在 $\eta/\bar{h} < 1$ 条件下,可以用式(A.17)中的 $2I$ 代替。进一步化简式(A.15)可得

$$\frac{1}{\eta}\frac{d\eta}{dx}\left(\frac{1+\beta}{\beta}\right) = \frac{1}{a} - \frac{8}{3\pi}f_L\frac{v}{hc}$$

(A.17)

式中, $\beta = cv\sin(\varepsilon)/(g\eta)$ 为潮汐弗劳德数。

无量纲化,可得线性潮波衰减方程为

$$\delta = \frac{\mu^2}{1 + \mu^2}\left(\gamma - \frac{8}{3\pi}\chi\mu\lambda\right)$$

(A.18)

利用三角函数方程 $[\cos(\varepsilon)]^{-2} = 1 + [\tan(\varepsilon)]^2$,相位方程及尺度方程可以联立后消去变量 ε,得到:

$$(\gamma - \delta)^2 = \frac{1}{\mu^2} - \lambda^2$$

(A.19)

将波速方程以及式(A.18)代入式(A.19)可得:

$$\lambda\left[\delta\lambda\left(1 - \frac{1}{\mu^2}\right) + \frac{8}{3\pi}\chi\mu(1 - \lambda^2)\right] = 0$$

(A.20)

该方程可进一步简化($\lambda \neq 0$)。因此,式(A.20)与式(A.18)可联立进而推导出 δ 和 μ、λ 之间的关系,即线性潮波振幅梯度方程:

$$\delta = \frac{\gamma}{2} - \frac{4}{3\pi} \frac{\chi\mu}{\lambda} \qquad (\text{A. 21})$$

附录 B　潮优型河口基于 Dronkers 切比雪夫多项式分解方法的潮波振幅梯度方程包络线法推导

Dronkers(1964)采用切比雪夫多项式分解方法近似二次流速项,可得非线性摩擦项的近似表达式为

$$\frac{V|V|}{K^2 h^{4/3}} = \frac{16}{15\pi} \frac{v^2}{K^2 \bar{h}^{4/3}} \Big[\frac{V}{v} + 2\Big(\frac{V}{v}\Big)^3 \Big] \qquad (\text{B. 1})$$

式中还假设在小振幅波情况下(即 $\eta/\bar{h} < 1$)摩擦项中周期性变化的水深可用潮平均水深替代。将式(B. 1)代替式(A. 12)并代入附录 A 中的推导过程,可得:

$$\delta = \frac{\mu^2}{1+\mu^2} \Big(\gamma - \frac{16}{15\pi} \chi\mu\lambda - \frac{32}{15\pi} \chi\mu^3\lambda^3 \Big) \qquad (\text{B. 2})$$

式(B. 2)进一步简化后可得 δ 和 μ、λ 之间的关系,即基于 Dronkers 切比雪夫多项式方法的潮波振幅梯度方程:

$$\delta = \frac{\gamma}{2} - \frac{8}{15\pi} \frac{\chi\mu}{\lambda} - \frac{16}{15\pi} \chi\mu^3\lambda \qquad (\text{B. 3})$$

附录 C　半封闭河口单一分潮潮波传播的解析解

采用 Toffolon 和 Savenije(2011)和 Cai 等(2016c)提出的半封闭河口潮波传播的解析解用以反演主要潮波变量的沿程变化。解析解所用的无量纲参数定义如表 C1 所示。

单一分潮的潮波振幅和相位表达式如下:

$$\eta = \zeta_0 \bar{h} \mid A^* \mid , \quad v = r_s \zeta_0 c_0 \mid V^* \mid \qquad (\text{C. 1})$$

$$\tan(\phi_A) = \frac{\Im(A^*)}{\Re(A^*)}, \quad \tan(\phi_V) = \frac{\Im(V^*)}{\Re(V^*)} \qquad (\text{C. 2})$$

式中,A^* 和 V^* 为随无量纲距离($x^* = x/L_0$)沿程变化的未知复数函数:

$$A^* = a_1^* \exp(2\pi w_1^* x^*) + a_2^* \exp(2\pi w_2^* x^*) \qquad (\text{C. 3})$$

$$V^* = v_1^* \exp(2\pi w_1^* x^*) + v_2^* \exp(2\pi w_2^* x^*) \tag{C.4}$$

对于半封闭河口,式(C.3)和式(C.4)中的未知变量解析表达式如表 C1 所示,其中 Λ 为复数变量,定义为

$$\Lambda = \sqrt{\frac{\gamma^2}{4} - 1 + i\hat{\chi}}, \quad \hat{\chi} = \frac{8}{3\pi}\mu\chi \tag{C.5}$$

式中,系数 $8/(3\pi)$ 来自洛伦兹仅考虑单一分潮(如 M_2)潮波传播时所采用的线性化摩擦项。

表 C1　半封闭河口解析解中未知复数变量的表达式

a_1^*, a_2^*	v_1^*, v_2^*	w_1^*, w_2^*
$a_1^* = \left[1 + \exp(4\pi\Lambda L_e^*)\dfrac{\Lambda + \gamma/2}{\Lambda - \gamma/2}\right]^{-1}$	$v_1^* = \dfrac{-ia_1^*}{\Lambda - \gamma/2}$	$w_1^* = \gamma/2 + \Lambda$
$a_2^* = 1 - a_1^*$	$v_2^* = \dfrac{i(1 - a_1^*)}{\Lambda + \gamma/2}$	$w_2^* = \gamma/2 - \Lambda$

式(C.3)和式(C.4)中右边第一项代表反射波,第二项代表前进波。因此,可定义水位和流速的反射系数分别为

$$\Psi_A = \left|\frac{a_1^*}{a_2^*}\right|, \quad \Psi_V = \left|\frac{v_1^*}{v_2^*}\right| \tag{C.6}$$

基于计算得到的 A^* 和 V^*,表 C1 中定义的主要潮波变量参数可通过以下公式进行计算:

$$\mu = |V^*|, \quad \phi = \phi_V - \phi_A \tag{C.7}$$

$$\delta_A = \Re\left(\frac{1}{A^*}\frac{dA^*}{dx^*}\right), \quad \delta_V = \Re\left(\frac{1}{V^*}\frac{dV^*}{dx^*}\right) \tag{C.8}$$

$$\lambda_A = \left|\Im\left(\frac{1}{A^*}\frac{dA^*}{dx^*}\right)\right| \quad \lambda_V = \left|\Im\left(\frac{1}{V^*}\frac{dV^*}{dx^*}\right)\right| \tag{C.9}$$

将表 C1 中的变量代入式(C.8)和式(C.9),经过适当化简可得水位振幅衰减/增大参数和波速参考的关系式:

$$\delta_A - i\lambda_A = \frac{1}{A^*}\frac{dA^*}{dx^*}\Big|_{x^*=0} = \frac{\gamma}{2} - \Lambda\left[1 - \frac{2}{1 + \exp(4\pi\Lambda L^*)\dfrac{\Lambda + \gamma/2}{\Lambda - \gamma/2}}\right]$$

$$\tag{C.10}$$

提取复数式(C. 10)中的实部和虚部则可得第 3 章中式(3. 11)和式(3. 12)。

类似的,可得流速衰减/增大参数和波速参数的关系式:

$$\delta_V - i\lambda_V = \frac{1}{V^*}\frac{dV^*}{dx^*}\bigg|_{x^*=0} = \gamma + \frac{1 - i\hat{\chi}}{-\gamma/2 + \Lambda(1 - 2a_1^*)} \tag{C. 11}$$

$$= \gamma + \frac{1 - i\hat{\chi}}{-\delta_A + i\lambda_A} = \gamma - \frac{\delta_A + \hat{\chi}\lambda_A}{\delta_A^2 + \lambda_A^2} + i\frac{\lambda_A - \hat{\chi}\delta_A}{\delta_A^2 + \lambda_A^2}$$

提取式(C. 11)中的实部和虚部可得

$$\delta_V = \gamma - \frac{\delta_A + \hat{\chi}\lambda_A}{\delta_A^2 + \lambda_A^2}, \quad \lambda_V = \frac{\lambda_A - \hat{\chi}\delta_A}{\delta_A^2 + \lambda_A^2} \tag{C. 12}$$

由于 $V^*\big|_{x^*=0} = v_1^* + v_2^*$,可得流速振幅参数的解析表达式:

$$\mu^2 = |V^*|^2 = \left|\frac{-\gamma/2 + \Lambda(1 - 2a_1^*)}{\hat{\chi} + i}\right|^2 \tag{C. 13}$$

$$= \left|\frac{1}{-i(\delta_V - \gamma + i\lambda_V)}\right|^2 = \frac{1}{(\delta_V - \gamma)^2 + \lambda_V^2} = \frac{\delta_A^2 + \lambda_A^2}{1 + \hat{\chi}^2}$$

由式(C. 13)可进一步得到

$$\tan(\phi_V) = \frac{\Im(V^*)}{\Re(V^*)} = \frac{\gamma - \delta_V}{\lambda_V} = \frac{\delta_A + \hat{\chi}\lambda_A}{\lambda_A - \hat{\chi}\delta_A} \tag{C. 14}$$

通过调整潮波传播的起始时间,可使 ϕ_A 在向海边界处为 0,因此,流速和水位的相位差可简化为 $\phi = \phi_V$ 。

　　由于摩擦参数 $\hat{\chi}$ 含有未知流速振幅参数 μ(或流速振幅 v),因此,模型需要通过迭代算法才能计算得到解析解。此外,模型还需要采用分段法,即将整个河口分成多个小河段,用于考虑沿程变化的断面横截面积,解析解最终是通过求解一组满足水位和流量连续性条件的线性方程组得到(Toffolon and Savenije,2011)。

附录 D　无摩擦河口潮波共振的解析解

　　亚临界辐聚条件下($\gamma < 2$),可得 $\Lambda = i\sqrt{1 - \gamma^2/4}$,因此,式(C. 10)中的虚部 $\lambda_A = 0$,实部为

$$\delta_A = \frac{\sin(2\pi\alpha L^*)}{\cos(2\pi\alpha L^* - \theta) + \alpha/2} \tag{D. 1}$$

式中，$\alpha = \sqrt{4 - \gamma^2} = -2\mathrm{i}\Lambda$ ；$\theta = \arccos(\alpha/2)$ 。

当设置式(D.1)中的 δ_A 为 0 时可确定波腹点的位置，此时式(D.1)中的分子项为 0，因此，$L^* = n/(2\alpha)$ $(n=0,1,2,\cdots)$，而波节点的位置对应 $\eta = 0$，因此其位置的确定可通过 δ_A 的不连续变化来确定，这对应于式中的分母项为 0。此时，位置值有两个解析解，第一个解对应 $L^* = (1+2n)/(2\alpha)$，即位置对应 $1/(2\alpha)$ 的奇数倍，该解析解已经包含在波腹点所对应的位置。但由于在这些位置，δ_A 理论上无极限（即 0/0），而 δ_A 实际上是有理数，因此，波腹点的位置仅对应 $1/(2\alpha)$ 的偶数倍。第二个解则对应实际波节点所在的位置。因此，波节点和波腹点位置的解析表达式分别为

$$L_{\mathrm{antinode}}^{*\mathrm{A}} = \frac{n}{\alpha} \tag{D.2}$$

$$L_{\mathrm{node}}^{*\mathrm{A}} = \frac{\arccos(\alpha/2)}{\pi\alpha} + \frac{2n+1}{2\alpha} \tag{D.3}$$

通过式(3.6)可得无摩擦条件下的流速衰减/增大参数方程：

$$\delta_V = \gamma - \frac{1}{\delta_A} \tag{D.4}$$

另外，由式(3.8)可得 $\mu = \delta_A$。因此，流速振幅的波节点和波腹点位置分别对应 $v = 0$（$\mu = \delta_A = 0$）和 $\delta_V = 0$：

$$L_{\mathrm{node}}^{*\mathrm{V}} = L_{\mathrm{antinode}}^{*\mathrm{A}} = \frac{n}{\alpha} \tag{D.5}$$

$$L_{\mathrm{antinode}}^{*\mathrm{V}} = -\frac{\arccos(\alpha/2)}{\pi\alpha} + \frac{2n+1}{2\alpha} \tag{D.6}$$

对于无摩擦棱柱形河口（$\gamma = 0, \alpha = 2$），经典的潮波共振波节点和波腹点的位置分别为 $L_{\mathrm{node}}^{*\mathrm{A}} = L_{\mathrm{antinode}}^{*\mathrm{V}} = (2n+1)/4$ 和 $L_{\mathrm{antinode}}^{*\mathrm{A}} = L_{\mathrm{node}}^{*\mathrm{V}} = n/2$，此时其对应的共振周期为 $T_{r0} = 4L_e/[c_0(2n+1)]$。将 $\mu = \delta_A$ 和 $\gamma = 0$ 代入式(D.1)可得

$$\mu\big|_{\gamma=0} = \frac{\sin(4\pi L^*)}{\cos(4\pi L^*) + 1} = \tan(2\pi L^*) \tag{D.7}$$

由式(D.7)可进一步根据表 3.1 的定义计算流速振幅 v。对于长度较短的棱柱形河口（$2\pi L^* \ll 1$），可知流速振幅基本上随河口长度线性增大。

超临界收敛条件（$\gamma \geqslant 2, \hat{\chi} = 0$），此时 $\Lambda = \sqrt{\gamma^2/4 - 1}$ 为一实数。类似亚临界收敛条件，提取式(C.10)中的实部和虚部，可知 $\lambda\Lambda = 0$（对应驻波且传播速度趋于无穷大），而

$$\delta_A = \frac{\gamma}{2} - \Lambda \left[1 - \frac{2}{1 + \exp(4\pi \Lambda L^*) \frac{\Lambda + \gamma/2}{\Lambda - \gamma/2}} \right] \quad\quad (\text{D.8})$$

式(D.8)恒为正值,表明对于无摩擦强辐聚河口潮波振幅沿程持续增大。

值得注意的是$(4\pi \Lambda)^{-1}$为一无量纲特征长度。当$L^* \gg (4\pi \Lambda)^{-1}$时,式(D.8)中分母的最后一项趋于无穷大,此时$\delta_A = \gamma/2 - \Lambda = \gamma/2 - \sqrt{\gamma^2/4 - 1}$,对应无限长河口条件下 Savenije 等(2008)提出的式(56)。此时,潮波增大率随着辐聚长度的增大反而减小,这是因为当$\gamma \gg 2$时,$\delta_A = (\gamma/2 + \sqrt{\gamma^2/4 - 1})^{-1}$趋于$\gamma^{-1}$。

对于超临界收敛条件,不存在潮波振幅的波节点和波腹点。对于流速振幅,波节点仅存在于上游封闭端($L_{\text{node}}^{*V} = 0$),而波腹点的位置($\delta_V = 0$)可通过联结式(D.4)和式(D.8)得到:

$$L_{\text{antinode}}^{*V} = \frac{1}{4\pi \Lambda} \ln \left(\frac{\gamma + 2\Lambda}{\gamma - 2\Lambda} \right) \quad\quad (\text{D.9})$$

由式(D.9)可知,流速振幅的波腹点随γ增大而减小,表明强辐聚河口中流速振幅的最大值逐渐靠近上游封闭端。另外,由式(D.6)和式(D.9)可知,流速振幅的波腹点位置由亚临界收敛到超临界收敛是连续变化的,且当$\gamma = 2$时对应第一个波腹点位置$L_{\text{antinode}}^{*V} = (2\pi)^{-1}$。

附录 E　基于 Godin 切比雪夫多项式分解方法的二次流速项展开系数

将三角函数

$$\cos^3(\omega_1 t) = \frac{3}{4}\cos(\omega_1 t) + \frac{1}{4}\cos(3\omega_1 t) \quad\quad (\text{E.1})$$

用于将式(4.7)中的三阶项进行展开。对于单一分潮情况,二次流速项的切比雪夫多项式展开为

$$u|u| = v_1^2 \left[\left(\alpha + \frac{3}{4}\beta \right) \cos(\omega_1 t) + \frac{1}{4}\beta \cos(3\omega_1 t) \right] \quad\quad (\text{E.2})$$

对于两个分潮同时驱动条件下,二次流速项的切比雪夫多项式展开为

$$u|u| = \hat{v}^2 \{ \alpha [\varepsilon_1 \cos(\omega_1 t) + \varepsilon_2 \cos(\omega_2 t)] \\ + \beta [\varepsilon_1 \cos(\omega_1 t) + \varepsilon_2 \cos(\omega_2 t)]^3 \} \quad\quad (\text{E.3})$$

式(E.3)中,三次项可展开为

$$
\begin{aligned}
\left[\varepsilon_1\cos(\omega_1 t)+\varepsilon_2\cos(\omega_2 t)\right]^3 &= \varepsilon_1^3\cos^3(\omega_1 t)+3\varepsilon_1\varepsilon_2^2\cos(\omega_1 t)\cos^2(\omega_2 t)\\
&+3\varepsilon_2\varepsilon_1^2\cos(\omega_2 t)\cos^2(\omega_1 t)+\varepsilon_2^3\cos^3(\omega_2 t)
\end{aligned}
$$

$$(E.4)$$

采用三角函数公式将余统函数的幂次方[如 $\cos^3(\omega_1)$ 和 $\cos^2(\omega_1)$]展开,提取频率为 ω_1 和 ω_2 的项,则式(E.3)则简化成式(4.12)。

对于多个分潮同时驱动条件下有效摩擦系数的表达式,这里只展示分潮个数 $n=3$ 情况下的结果:

$$F_1=\frac{3\pi}{8}\left[\alpha+\beta\left(\frac{3}{4}\varepsilon_1^2+\frac{3}{2}\varepsilon_2^2+\frac{3}{2}\varepsilon_3^2\right)\right]=\frac{1}{5}(2+3\varepsilon_1^2+6\varepsilon_2^2+6\varepsilon_3^2)\quad(E.5)$$

$$F_2=\frac{3\pi}{8}\left[\alpha+\beta\left(\frac{3}{4}\varepsilon_2^2+\frac{3}{2}\varepsilon_1^2+\frac{3}{2}\varepsilon_3^2\right)\right]=\frac{1}{5}(2+3\varepsilon_2^2+6\varepsilon_1^2+6\varepsilon_3^2)\quad(E.6)$$

$$F_3=\frac{3\pi}{8}\left[\alpha+\beta\left(\frac{3}{4}\varepsilon_3^2+\frac{3}{2}\varepsilon_1^2+\frac{3}{2}\varepsilon_2^2\right)\right]=\frac{1}{5}(2+3\varepsilon_3^2+6\varepsilon_1^2+6\varepsilon_2^2)\quad(E.7)$$

当 $\varepsilon_3=0$(即 $v_3=0$)时,式(E.5)和式(E.6)则简化为式(4.13)和式(4.14)。

附录 F　河优型河口线性潮波振幅梯度方程的包络线法推导

采用拉格朗日方法代替传统的欧拉方法分析潮波运动时,可得连续性方程为(Savenije,2005,2012)

$$\frac{dV}{dt}=r_s\frac{c}{h}\frac{dh}{dt}-\frac{cV}{b}+cV\frac{1}{\eta}\frac{d\eta}{dx}\quad(F.1)$$

动量守恒方程亦可在拉格朗日体系中表达,其微分方程为

$$\frac{dV}{dt}+g\frac{\partial h}{\partial x}+g(I_b-I_r)+g\frac{V|V|}{K^2h^{4/3}}=0\quad(F.2)$$

式中,I_b 为底床坡度;I_r 为由密度梯度引起的余水位坡度。

联立式(F.1)和式(F.2),代入式 $V=dx/dt$ 后得到:

$$r_s\frac{cV}{gh}\frac{dh}{dx}-\frac{cV}{g}\left(\frac{1}{b}-\frac{1}{\eta}\frac{d\eta}{dx}\right)+\frac{\partial h}{\partial x}+I_b-I_r+\frac{V|V|}{K^2h^{4/3}}=0\quad(F.3)$$

如果考虑高低潮位的情况,那么以下关系式成立,其中,潮差 $H(H=2\eta,\eta$ 为潮波振幅)为 h_{HW} 和 h_{LW} 的差值:

$$\frac{dh_{HW}}{dx}-\frac{dh_{LW}}{dx}=2\frac{d\eta}{dx}\quad(F.4)$$

此外,在高低潮位时刻有:

$$\left.\frac{\partial h}{\partial t}\right|_{HW,LW} = 0 \tag{F.5}$$

因此,可得:

$$\frac{\mathrm{d}h_{HW,LW}}{\mathrm{d}x} = \left.\frac{\partial h}{\partial x}\right|_{HW,LW} \tag{F.6}$$

假定潮波是不变形的(在 $\eta/\bar{h} \ll 1$ 的情况下),则潮波衰减与平均水深 $\bar{h}$ 成正比,可得余水位坡度的表达式:

$$\frac{\mathrm{d}h_{HW}}{\mathrm{d}x} + \frac{\mathrm{d}h_{LW}}{\mathrm{d}x} \approx 2\frac{\mathrm{d}\bar{h}}{\mathrm{d}x} \tag{F.7}$$

式中,

$$h_{HW} \approx \bar{h} + \eta, \quad h_{LW} \approx \bar{h} - \eta \tag{F.8}$$

以上 3 个近似式(F.4)、式(F.6)和式(F.7)在小振幅波,即 $\eta/\bar{h} \ll 1$ 情况下基本合理,不影响后续的推导。

考虑下泄径流流速 U_r(取正值,方向与落潮流一致)影响,高、低潮时刻的潮流流速可通过以下公式求得:

$$V_{HW} \approx v\sin(\varepsilon) - U_r \tag{F.9}$$

$$V_{LW} \approx -v\sin(\varepsilon) - U_r \tag{F.10}$$

此外,由于水深不同高潮位的传播速度不等于低潮的传播速度,但依然可以假设它们与潮波的平均传播速度 c 是成比例的,因此对于小振幅波:

$$\frac{c_{HW}}{\sqrt{h_{HW}}} \approx \frac{c_{LW}}{\sqrt{h_{LW}}} \approx \frac{c}{\sqrt{\bar{h}}} \tag{F.11}$$

$$c_{HW} + c_{LW} \approx 2c \tag{F.12}$$

$$c_{HW} \approx c\sqrt{1 + \zeta} \tag{F.13}$$

其中,式(F.13)为微幅波近似公式(Savenije,2005,2012),由于 $c \gg v\sin(\varepsilon)$,因此,对于冲积型河口一般适用。

采用基于洛伦兹线性化方法的摩擦项公式,同时考虑摩擦项中周期性变化的水力半径(或水深,即 $K^2 h^{4/3}$)影响(Dronkers,1965):

$$F_L = \frac{1}{K^2 h^{4/3}}\left(\frac{1}{4}L_0 v^2 + \frac{1}{2}L_1 v U_t\right) \tag{F.14}$$

同时引入系数 κ,当 $\kappa=1$ 时,考虑周期性变化的水力半径,反之,当 $\kappa=0$ 则不考虑。联立式(F.3)、式(F.4)及式(F.14)可得高潮位包络曲线的表达式:

$$\frac{r_{\mathrm{S}}c_{\mathrm{HW}}\left[v\sin(\varepsilon)-U_{\mathrm{r}}\right]}{g(\bar{h}+\eta)}\frac{\mathrm{d}h_{\mathrm{HW}}}{\mathrm{d}x}-\frac{c_{\mathrm{HW}}\left[v\sin(\varepsilon)-U_{\mathrm{r}}\right]}{g}\left(\frac{1}{b}-\frac{1}{\eta}\frac{\mathrm{d}\eta}{\mathrm{d}x}\right)+\frac{\mathrm{d}h_{\mathrm{HW}}}{\mathrm{d}x}$$

$$+\frac{1}{K^{2}\left(\bar{h}+\kappa\eta\right)^{4/3}}\left[\frac{1}{4}L_{0}v^{2}+\frac{1}{2}L_{1}v^{2}\sin(\varepsilon)\right]=-I_{\mathrm{b}}+I_{\mathrm{r}}$$

$$(\mathrm{F}.15)$$

类似的,低潮位包络曲线的表达式为

$$-\frac{r_{\mathrm{S}}c_{\mathrm{LW}}\left[v\sin(\varepsilon)+U_{\mathrm{r}}\right]}{g(\bar{h}-\eta)}\frac{\mathrm{d}h_{\mathrm{LW}}}{\mathrm{d}x}+\frac{c_{\mathrm{LW}}\left[v\sin(\varepsilon)+U_{\mathrm{r}}\right]}{g}\left(\frac{1}{b}-\frac{1}{\eta}\frac{\mathrm{d}\eta}{\mathrm{d}x}\right)+\frac{\mathrm{d}h_{\mathrm{LW}}}{\mathrm{d}x}$$

$$+\frac{1}{K^{2}\left(\bar{h}-\kappa\eta\right)^{4/3}}\left[\frac{1}{4}L_{0}v^{2}-\frac{1}{2}L_{1}v^{2}\sin(\varepsilon)\right]=-I_{\mathrm{b}}+I_{\mathrm{r}}$$

$$(\mathrm{F}.16)$$

考虑传播速度是对称的,假设式(F.11)、式(F.12),对$(\bar{h}+\kappa\eta)^{4/3}$和$(\bar{h}-\kappa\eta)^{4/3}$进行泰勒展开,并将包络化式(F.15)和式(F.16)相减可得以下表达式:

$$\frac{r_{\mathrm{S}}cv\sin(\varepsilon)}{\bar{h}}\left(\frac{1}{\sqrt{1+\zeta}}\frac{\mathrm{d}h_{\mathrm{HW}}}{\mathrm{d}x}+\frac{1}{\sqrt{1-\zeta}}\frac{\mathrm{d}h_{\mathrm{LW}}}{\mathrm{d}x}\right)$$

$$-\frac{r_{\mathrm{S}}cU_{\mathrm{r}}}{\bar{h}}\left(\frac{1}{\sqrt{1+\zeta}}\frac{\mathrm{d}h_{\mathrm{HW}}}{\mathrm{d}x}-\frac{1}{\sqrt{1-\zeta}}\frac{\mathrm{d}h_{\mathrm{LW}}}{\mathrm{d}x}\right)$$

$$(\mathrm{F}.17)$$

$$-\left[2cv\sin(\varepsilon)+2cU_{\mathrm{r}}(1-\sqrt{1+\zeta})\right]\left(\frac{1}{b}-\frac{1}{\eta}\frac{\mathrm{d}\eta}{\mathrm{d}x}\right)$$

$$+2g\frac{\mathrm{d}\eta}{\mathrm{d}x}+f'\left[\frac{L_{1}v^{2}\sin(\varepsilon)}{\bar{h}}-\kappa\frac{2L_{0}v^{2}\zeta}{3h}\right]=0$$

式中,无量纲摩擦系数 f' 定义为

$$f'=g/(K^{2}\bar{h}^{1/3})\left[1-(\kappa4\zeta/3)^{2}\right]^{-1}\qquad(\mathrm{F}.18)$$

由于 $\zeta\ll1$,式(F.17)中左边第一项和第二项可分别用余水位坡度 $\mathrm{d}\bar{h}/\mathrm{d}x$ 式(F.4)和振幅衰减率 $\mathrm{d}\eta/\mathrm{d}x$ 式(F.4)近似代替,简化为

$$\frac{1}{\eta}\frac{\mathrm{d}\eta}{\mathrm{d}x}\left(\theta-r_{\mathrm{S}}\frac{\varphi}{\sin(\varepsilon)}\zeta+\frac{g\eta}{cv\sin(\varepsilon)}\right)=\frac{\theta}{b}-r_{\mathrm{S}}\frac{1}{\bar{h}}\frac{\mathrm{d}\bar{h}}{\mathrm{d}x}-\frac{L_{1}}{2}f'\frac{v}{hc}$$

$$+\kappa\frac{L_{0}}{3}f'\frac{v\zeta}{hc}\frac{1}{\sin(\varepsilon)}\qquad(\mathrm{F}.19)$$

式中,无量纲流量参数 φ 和无量纲 θ 已在正文中定义。式(F.19)中右边第一和第二项分别代表河宽和水深的辐聚程度,可进一步简化为

$$\frac{\theta}{b} - r_S \frac{1}{\bar{h}} \frac{d\bar{h}}{dx} = \frac{\theta}{b} + \frac{r_S}{d} \approx \frac{\theta}{a} \qquad (F.20)$$

式中,θ 和 r_S 均假设其值接近于 1。将式(F.20)代入式(F.19)可得

$$\frac{1}{\eta}\frac{d\eta}{dx}\left(\theta - r_S\frac{\varphi}{\sin(\varepsilon)}\zeta + \frac{g\eta}{cv\sin(\varepsilon)}\right) = \frac{\theta}{a} - \frac{L_1}{2}f'\frac{v}{hc} + \kappa\frac{L_0}{3}f'\frac{v\zeta}{hc}\frac{1}{\sin(\varepsilon)}$$

$$(F.21)$$

无量纲化式(F.21),同时采用尺度方程 $\sin(\varepsilon) = \mu\lambda$,可得

$$\delta = \frac{\mu^2}{1 + \mu^2[\theta - r_S\varphi\zeta/(\mu\lambda)]}\left[\gamma\theta - \chi\left(\frac{1}{2}L_1\mu\lambda - \kappa\frac{1}{3}L_0\zeta\right)\right] \qquad (F.22)$$

或者

$$\delta = \frac{\mu^2}{1 + \mu^2\beta}(\gamma\theta - \chi\mu\lambda\Gamma_L), \quad \Gamma_L = \frac{L_1}{2} - \kappa\zeta\frac{L_0}{3\mu\lambda} \qquad (F.23)$$

附录 G　河优型河口基于 Dronkers 切比雪夫多项式分解方法的衰减项 Γ_D 推导

基于 Dronkers(1964)提出的切比雪夫多项式分解方法可得考虑流量影响的高阶线性化摩擦项:

$$F_D = \frac{1}{K^2 h^{4/3}\pi}(p_0 v^2 + p_1 vU + p_2 U^2 + p_3 U^3/v) \qquad (G.1)$$

式中,$p_i(i=0,1,2,3)$ 为切比雪夫系数,为无量纲流量参数 φ 的函数(Dronkers,1964)。下标 D 表示 Dronkers 方法。这些系数的表达式为

$$p_0 = -\frac{7}{120}\sin(2\alpha) + \frac{1}{24}\sin(6\alpha) - \frac{1}{60}\sin(8\alpha) \qquad (G.2)$$

$$p_1 = \frac{7}{6}\sin(\alpha) - \frac{7}{30}(3\alpha) - \frac{7}{30}\sin(5\alpha) + \frac{1}{10}\sin(7\alpha) \qquad (G.3)$$

$$p_2 = \pi - 2\alpha + \frac{1}{3}\sin(2\alpha) + \frac{19}{30}\sin(4\alpha) - \frac{1}{5}\sin(6\alpha) \qquad (G.4)$$

$$p_3 = \frac{4}{3}\sin(\alpha) - \frac{2}{3}\sin(3\alpha) + \frac{2}{15}\sin(5\alpha) \qquad (G.5)$$

式中,系数 p_1、p_2 和 p_3 分别为径潮动力非线性相互作用的一阶、二阶和三阶项,而系数 p_0 和其他系数相比为小量,通常可忽略。当 $\varphi < 1$ 时,系数 p_1 和 p_3 随着 φ 值的增大而逐渐趋于 0。当 $\varphi \geqslant 1$ 时,$p_0 = p_1 = p_3 = 0$,$p_2 = -\pi$,因此,式(G.1)简化为 $F_D = U^2/(K^2 \bar{h}^{4/3})$。如果 $\varphi = 0$(或者 $Q = 0$),此时 $p_0 = p_2 = 0$,$p_1 = 16/15$,$p_3 = 32/15$,式(G.1)简化为:

$$F_D = \frac{16}{15\pi} \frac{v^2}{K^2 h^{4/3}} \left[\frac{U}{v} + 2 \left(\frac{U}{v} \right)^3 \right] \tag{G.6}$$

将式(G.1)代替式(F.14)并代入附录 F 中的推导过程,可得

$$\Gamma_D = \frac{1}{\pi} \left[p_1 - 2p_2 \varphi + p_3 \varphi^2 \left(3 + \frac{\mu^2 \lambda^2}{\varphi^2} \right) \right] \tag{G.7}$$

附录 H　河优型河口基于 Godin 切比雪夫多项式分解方法的衰减项 Γ_G 推导

Godin(1991,1999)提出非线性摩擦项中二次流速项的线性近似公式,该式仅由一个一阶项和一个三阶项组成:

$$F_G = \frac{16}{15\pi} \frac{U'^2}{K^2 h^{4/3}} \left[\frac{U}{U'} + 2 \left(\frac{U}{U'} \right)^3 \right] \tag{H.1}$$

下标 G 表示 Godin 方法。U' 定义为可能的最大流速:

$$U' = v + U_r \tag{H.2}$$

式(H.1)和式(G.6)基本相同,差别在于 Dronkers 中的 U 采用流速振幅 v 进行无量纲化,而 Godin 采用可能的最大流速 U' 无量纲化。

将式(H.1)代替式(F.14)并代入附录 F 中的推导过程,可得

$$\Gamma_D = G_0 + G_1 (\mu\lambda)^2 \tag{H.3}$$

其中:

$$G_0 = \frac{16}{15\pi} \frac{1 + 2\varphi + 7\varphi^2}{1 + \varphi}, \quad G_1 = \frac{32}{15\pi} \frac{1}{1 + \varphi} \tag{H.4}$$

当 $U_r = 0$ 时(即 $Q = 0$,$U' = v$),$G_0 = 16/(15\pi)$,$G_1 = 32/(15\pi)$,式(H.1)和式(G.6)完全一致。当同时考虑非线性摩擦项中周期性变化的水深影响时,还需引入以下两个参数:

$$G_2 = \frac{128}{15\pi} \frac{\varphi}{1 + \varphi}, \quad G_3 = \frac{64}{15\pi} \frac{\varphi/3 + 2\varphi^2/3 + \varphi^3}{1 + \varphi} \tag{H.5}$$

附录 I　非线性摩擦项引起的余水位推导

对拉格朗日体系下的动量守恒式(F.2)在一个潮周期内进行积分可得

$$V(t+T) - V(t) + g\frac{\partial}{\partial x}\int_t^{t+T} z\mathrm{d}\sigma + g\int_t^{t+T}\frac{V|V|}{K^2 h^{4/3}}\mathrm{d}\sigma = 0 \tag{I.1}$$

潮平均条件下,式(I.1)可简化为

$$\frac{\partial \bar{z}}{\partial x} = -\overline{\frac{V|V|}{K^2 h^{4/3}}} \tag{I.2}$$

假设在口门处($x=0$)余水位$\bar{z}=0$,对式(I.2)进行积分可得余水位的沿程变化公式:

$$\bar{z}(x) = -\int_0^x \overline{\frac{V|V|}{K^2 h^{4/3}}}\mathrm{d}x \tag{I.3}$$